DK动物百科系列

虫

英国DK出版社　著
文星　译
冉浩　审译

科学普及出版社
·北　京·

Original Title: Everything You Need To Know About Bugs

著作权合同登记号：01-2020-3710

图书在版编目（CIP）数据

DK动物百科系列. 虫 / 英国DK出版社著；文星译. -- 北京：科学普及出版社，2020.10（2024.12重印）
ISBN 978-7-110-10119-3

Ⅰ. ①D… Ⅱ. ①英… ②文… Ⅲ. ①动物－少儿读物②昆虫－少儿读物 Ⅳ. ①Q9549②Q96-49

中国版本图书馆CIP数据核字（2020）第111396号

策划编辑　邓　文
责任编辑　李　睿
封面设计　朱　颖
图书装帧　金彩恒通
责任校对　吕传新
责任印制　徐　飞

科学普及出版社出版
北京市海淀区中关村南大街16号　邮政编码：100081
电话：010-62173865　传真：010-62173081
http://www.cspbooks.com.cn
中国科学技术出版社有限公司发行
惠州市金宣发智能包装科技有限公司印刷
*
开本：889毫米×1194毫米　1/16　印张：5　字数：120千字
2020年10月第1版　2024年12月第12次印刷
ISBN　978-7-110-10119-3/Q・238
定价：58.00元

www.dk.com

目录

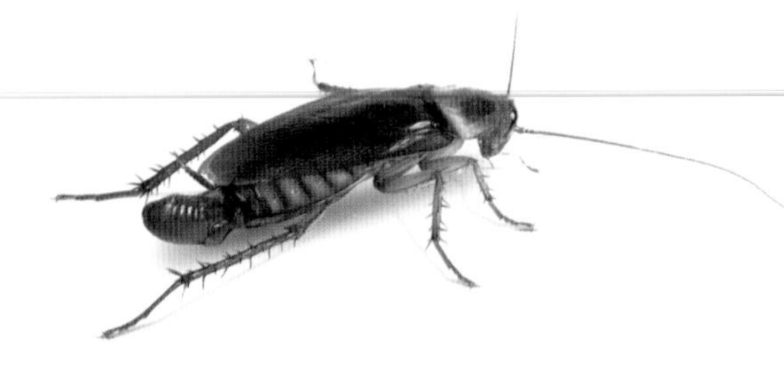

大约在4亿年前，一些小虫从海洋登上了陆地，成为史上**最早的陆生动物**，它们就是今天的**昆虫、马陆**及**蜘蛛**的祖先。

从那之后又过了大约3.98亿年，**人类**才出现。即使有一天，地球上的人类和所有大型动物都消失了，这些体形微小的虫子仍会继续生存下去，延续生命的力量。

但是，如果**虫子**消失了，那我们的世界将会**崩溃**。没有蜜蜂或其他昆虫给**花朵**授粉，庄稼将颗粒无收，人类就会陷入**饥荒**；**没有**甲虫和苍蝇来**清除**垃圾，那么到处都将堆满动植物的尸体和**粪便**。那些在花园里**飞舞**的、从天花板上**爬过**的、**“嗡嗡”**地围绕在我们身边的小生物们真的**非常重要**！它们是地球生态系统中**必不可少**的一部分。

节肢动物

=“附肢分节”动物

昆虫、**蜘蛛**及其他令人毛骨悚然的小虫都被**称为节肢动物**。

“节肢”的意思就是“分节的附肢”。

这些**动物**都有带可弯曲关节的附肢。

黑寡妇蜘蛛

节肢动物还具有以下特征：

· 身体和腿是分节的

· 身体分为头部、胸部、腹部，但胸部和腹部可是连在一起的

· 其中许多都经历了从体到成年体的变态过程

· 寿命最短的只有几周最长的能超过一百年

· 有的种类像一粒盐那小，有的却有鲨鱼那么大（当然，这类物种已灭绝了）

瓢虫

所有节肢动物**最重要的**特征就是**全身包被外骨骼**。几乎所有的大型动物，比如猫、狗及人类的**骨骼**都位于机体内部，而节肢动物的骨骼却**覆在体表**。如同盔甲一般的**外骨骼**由连接在一起的硬质甲片构成，甲片的连接处是可以活动的关节，这样，机体就能够灵活运动了。

保护性极强的**外骨骼**是节肢动物赖以生存的秘诀。不同部位的外骨骼进化成了不同的结构，从爪、颚到翅膀与棘刺，应有尽有。但这些看起来完美的装备也有不足之处，就是外骨骼不能随着身体的生长而**伸展**，所以节肢动物必须定期**蜕去**旧的外骨骼，取而代之的是一件大一些的新“外罩”。

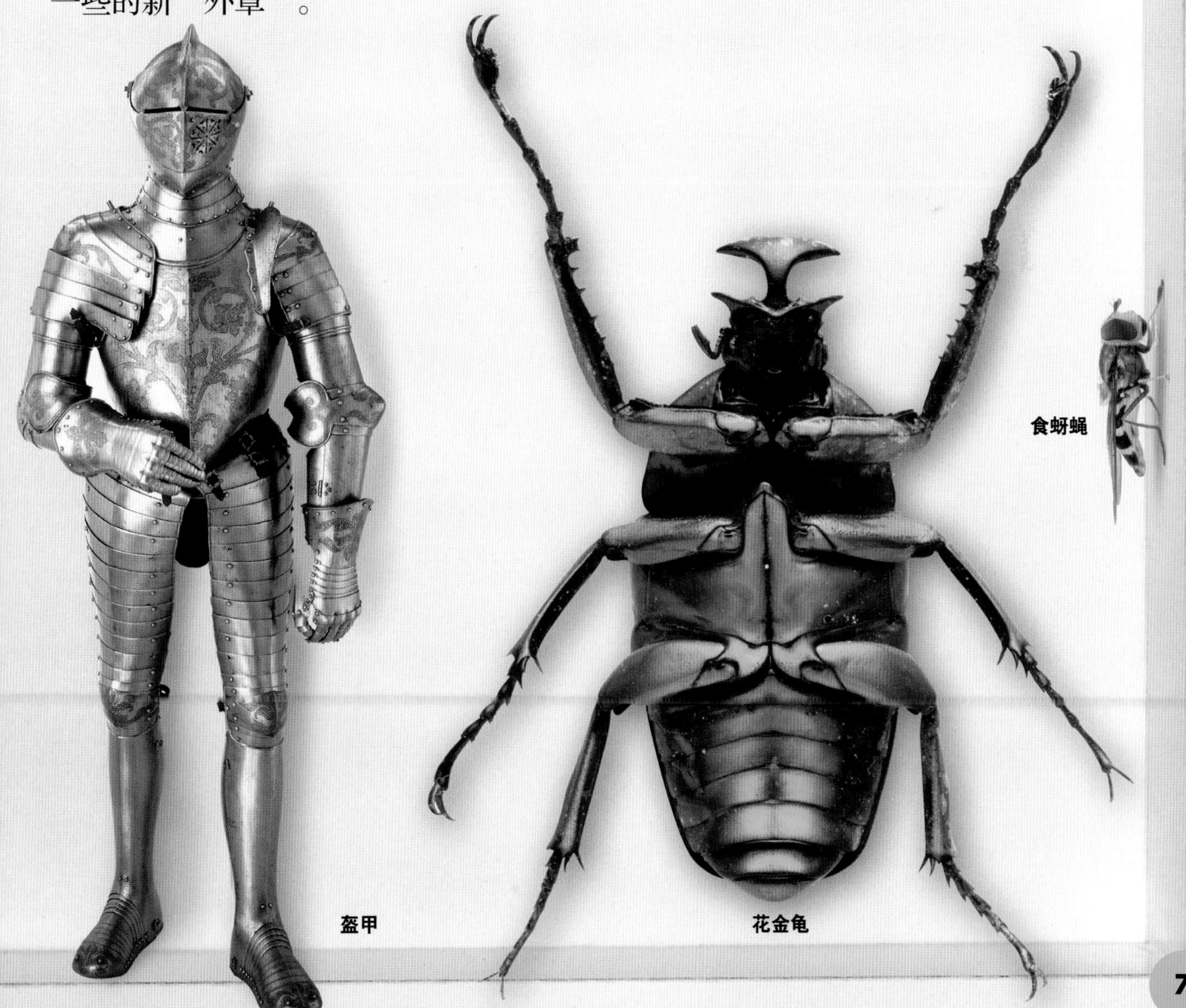

食蚜蝇

盔甲

花金龟

长长的腿、 短短的腿、 粗大的腿、 细瘦的腿、 多毛的腿、 光滑的腿、 多刺的腿、 柔软的腿、 强

有多少条腿?

六条腿——
可能是昆虫。

昆虫是地球上最成功的陆生动物。大多数昆虫有六条腿、一对触角、两双翅膀，身体分为三部分：头、胸、腹。

八条腿——
可能是蛛形纲的动物。

蜘蛛、蝎子、螨和蜱都是蛛形纲动物。蛛形纲的动物与昆虫不同，它们没有翅膀和触角，身体也只分为两个部分。它们大多都是肉食者。

腿、 细弱的腿、 真正的腿、 伪装的腿、 漂亮的腿、 难看的腿、 灵活的腿、 笨拙的腿、 残疾的腿

地球上可能生存着数百万种节肢动物，怎么给它们分类呢？数数它们有多少条腿就行了。绝大多数节肢动物可以归为四大类，腿的数目是这种分类的一个有效依据。

十条腿
（八个步足，一对螯）——
可能属于甲壳纲。
蟹、龙虾、水蚤和对虾都是甲壳类动
大多数甲壳类动物生活在水中，用鳃
吸。它们并不都有十条腿，其中有的种
有许多条腿，有的则一条都没有。木虱
一种陆生的甲壳类动物，有十四条腿。
螃蟹
蜈蚣
许多许多条腿——
可能是蜈蚣或马陆。
马陆
这些节肢动物的身体呈长条形，分成许多体节，每节上都有腿。蜈蚣英文名称的意思是“一百只脚”，而马陆则是“一千只脚”。其实它们的脚大约为30～750只。
30+
0
没有腿——
可能是鼻涕虫（蛞蝓）、蜗牛或蠕虫，甚至节肢动物的幼虫，比如蛆。
这些滑腻腻的生物不是节肢动物。它们没有分节的腿，也没有外骨骼。
鼻涕虫

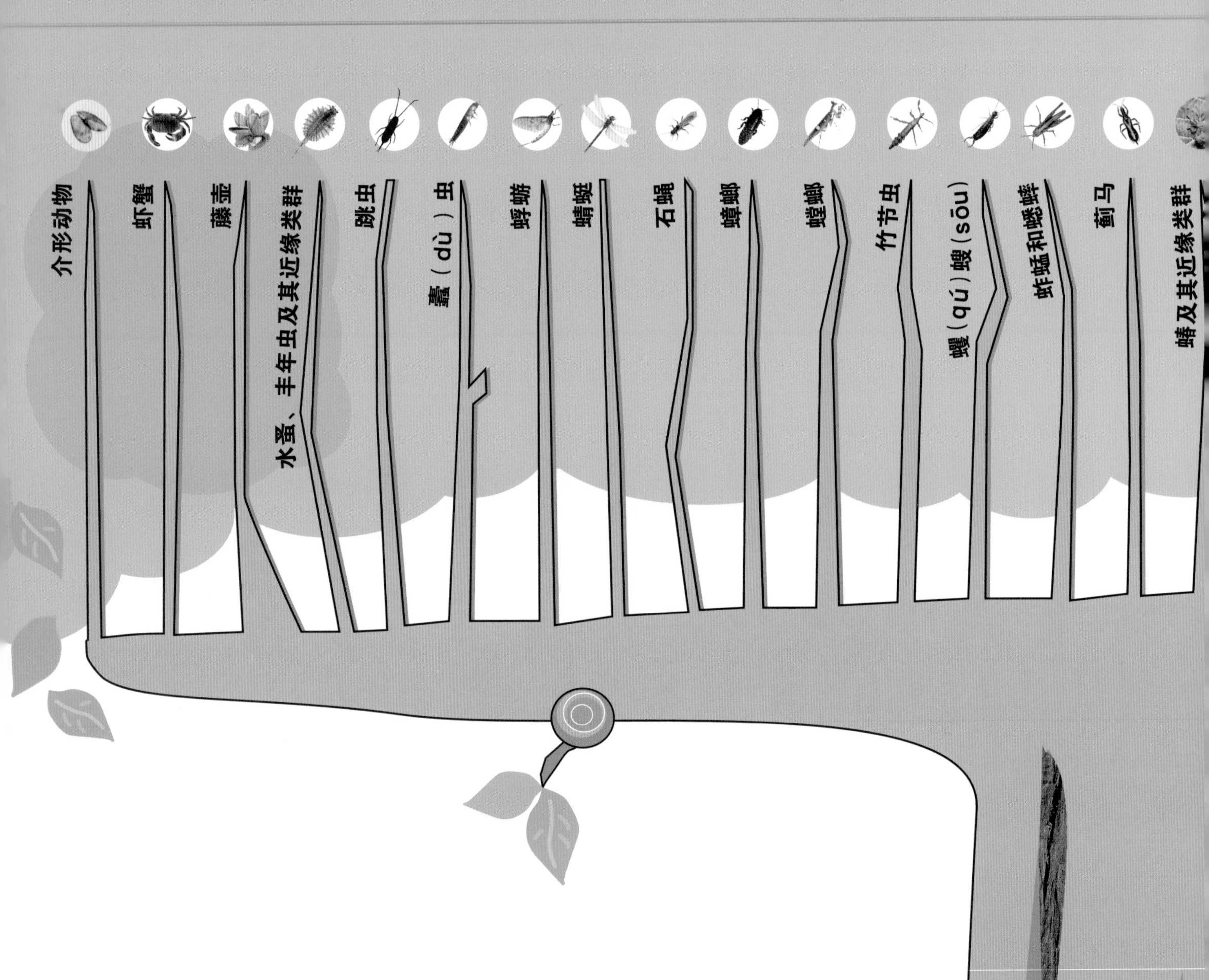
甲壳类动物
昆虫……
介形动物
虾蟹
藤壶
水蚤、丰年虫及其近缘类群
跳虫
蠹（dù）虫
蜉蝣
蜻蜓
石蝇
蟑螂
螳螂
竹节虫
蠼（qú）螋（sōu）
蚱蜢和蟋蟀
蓟马
蝽及其近缘类群

看看

这一大家子

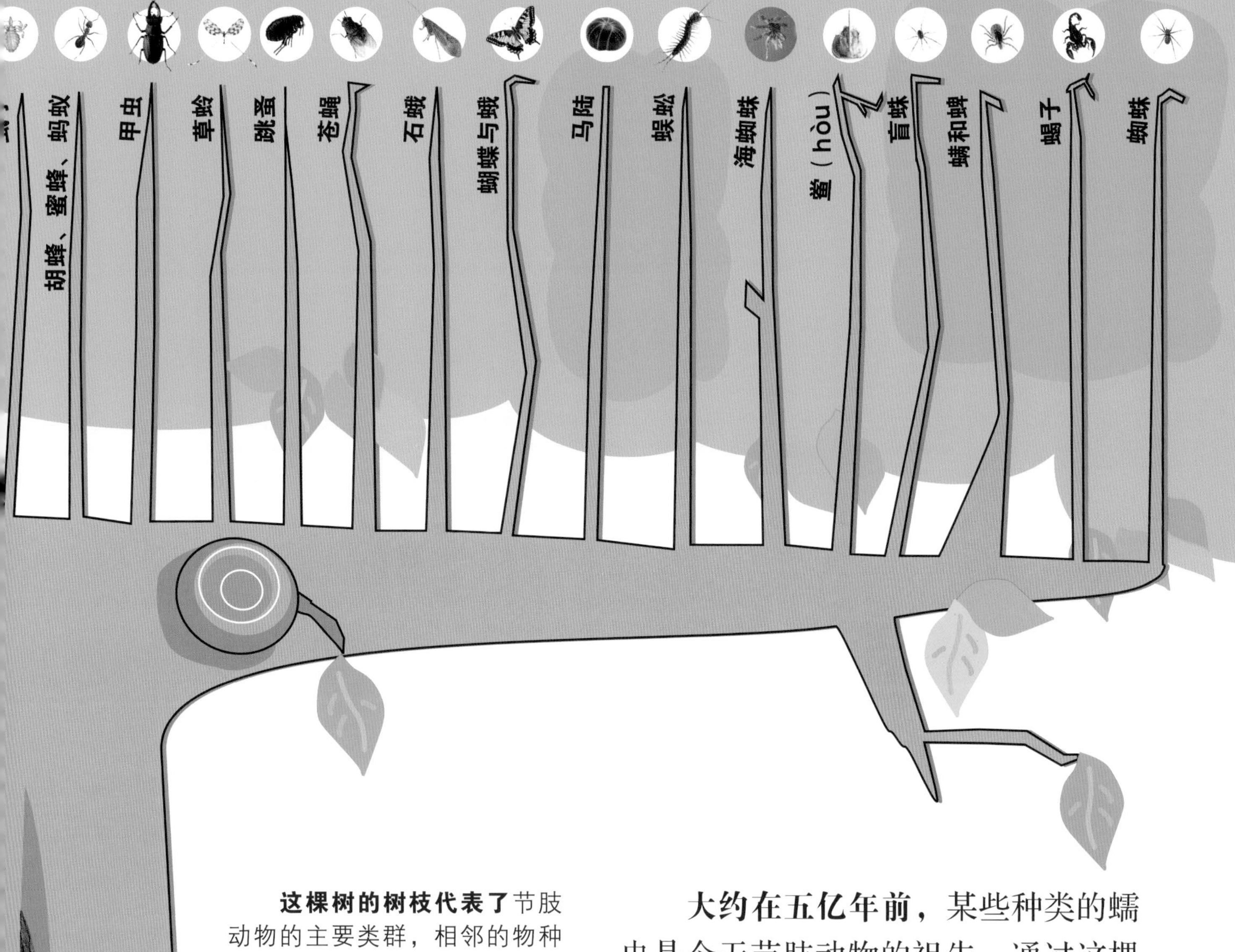

这棵树的树枝代表了节肢动物的主要类群，相邻的物种亲缘关系最近。例如，昆虫是甲壳类动物的近亲，很可能是从生活在海洋中的甲壳类动物祖先演化而来的。

大约在五亿年前，某些种类的蠕虫是今天节肢动物的祖先。通过这棵系谱树我们可以清楚地看出，四大类节肢动物（甲壳动物、昆虫、多足动物和蛛形动物）又分化成了更多不同的种类。实际上，每根小枝的顶端都应当再分出数以百万计的末梢，每个末梢代表一个独立的物种。不过，即使这一页比现在再大一万倍，也画不下表示单独物种的全部树梢。

如果按照动物的数量来分配地球上的陆地，那么节肢动物将占有除南美洲外的所有大陆和岛屿。

谁统治着地球？

地球上至少90%的

节肢动物是地球上生存最成功的动物。它们征服了陆地、海洋和天空，从海洋深处到高山山顶，无处不在。科学家已经深入研究并命名了超过160万种动物物种，其中的90%都是节肢动物。

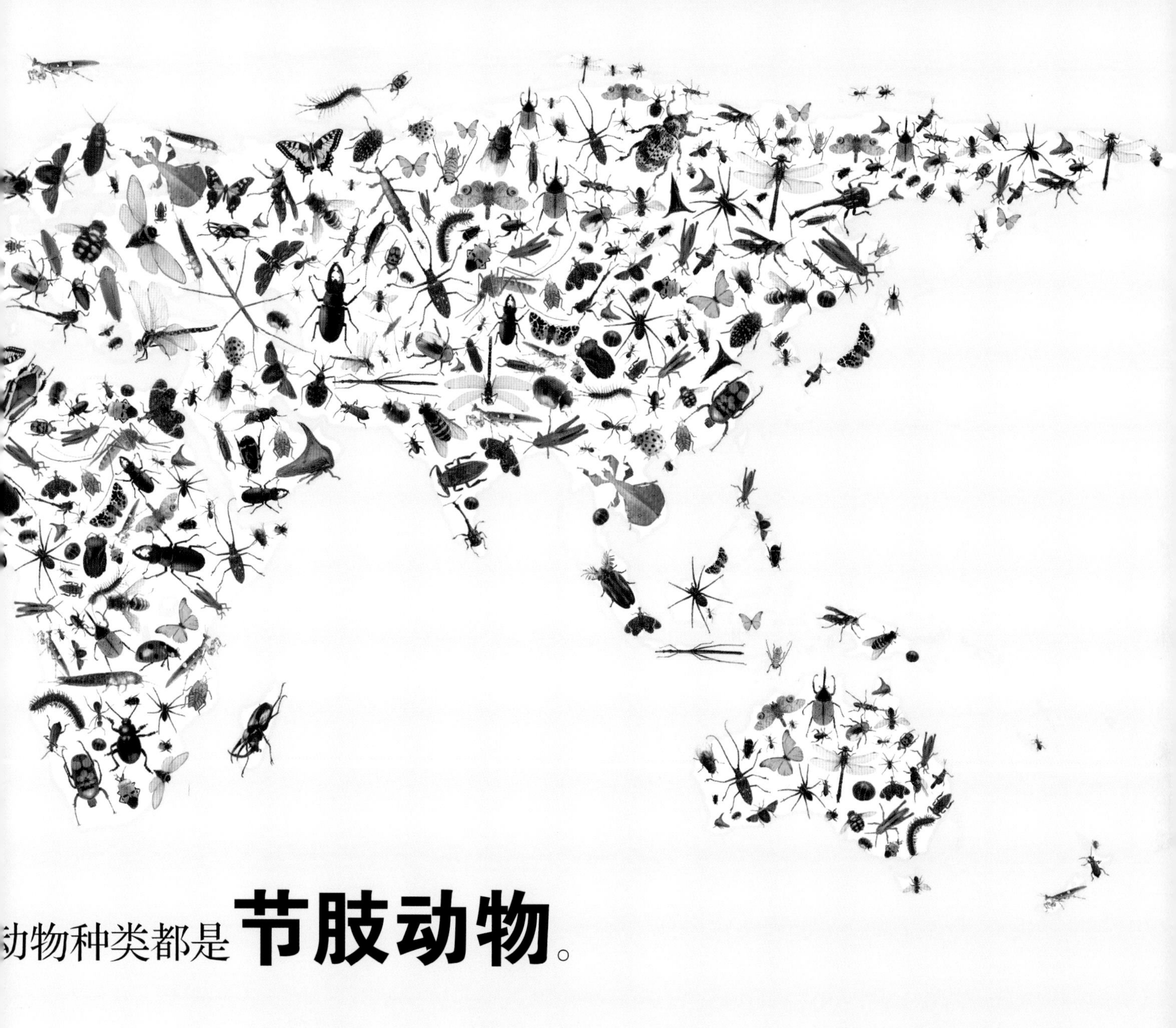

动物种类都是**节肢动物**。

但那些仅仅是分类过的物种，还有**无数**种类等着我们去发现。现在，平均每天有25种新的节肢动物被人们发现，还有积压了15年的大批新物种等待着正式命名与描述。所以我们只能猜测现今存在的节肢动物的真实物种数目，大概有**数百万**种之多。

昆虫是迄今最大的一个节肢动物群体，有超过100万个已经命名的物种。一份报告显示，生存在地球上的昆虫总数有1.2×10^{17}只。

换句话说，当今地球上生存着的**每一个人**，都对应着约2亿只**昆虫**。

节肢动物是怎样征服

5.4亿年前

故事从5.4亿年前开始，除了在海床上生活着一些微生物和蠕虫外，那时的地球几乎没有任何生命。其中某些蠕虫演化出了外骨骼，体节上萌生出了腿，进化成了**节肢动物**！用不了多久，这些新生物将征服世界。

5.2亿年前

在几百万年的时间里，节肢动物横扫了海底，在那儿称王称霸。其中**三叶虫**可以说是当时最成功的动物。三叶虫统治海洋将近3亿年，它们坚硬的外骨骼形成了数以百万计的化石。直到今天，我们还经常能找到这些化石。

5.05亿年前

在鲨鱼进化出来的几百万年前，节肢动物是海洋中的顶级捕食者。三叶虫的头号敌人可能是**奇虾**，那是一种大而残暴的虾形生物，个头比人还要大，身前长有巨大的螯钳，用来抓住三叶虫。在那个时代，奇虾就是海洋中的大白鲨！

4.38亿～4.08亿年前

史前节肢动物能长得相当大。体形最大的可能是**广翅鲎**，它是一种蝎形的海洋生物，体长可达2米，就像一条鳄鱼那么大。广翅鲎的尾部长有一枚棘刺，科学家猜测这是用来注射毒液的。

4.28亿年前

4.28亿年前，节肢动物开始由海洋登陆。一种身长1厘米的**马陆**成为第一种踏上陆地的动物。

3.58亿年前

石炭纪时期，茂密的森林遍布大地。高耸的树木为动物提供了新的栖息地——但只有那些能够到达顶端的动物才能享受。于是，在征服了陆地和海洋之后，节肢动物开始进军天空……

3.5亿年前

3.5亿年前，陆生节肢动物也进化成了巨型生物。那时，有2米长的马陆，蝎子则能长到1米长，像狼狗那么大！

3.2亿年前

地球上**第一种会飞的动物**是昆虫，这种元老级飞行家长得像蜉蝣和蟑螂的混合体，有4只或6只布满美丽花纹的翅膀。昆虫当时是地球上唯一能飞的动物——直到1亿年后翼龙出现。

3亿年前

蠹虫是一种没有翅膀却能滑翔的昆虫，浑身闪烁着银色的金属光泽。自从3亿年前出现以来，它的外形几乎没有任何改变。

6亿年前　5亿年前　4亿年前　3亿年前

世界的？

2.8亿年前

2.8亿年前，会飞的昆虫体形也变得巨大。一种模样酷似蜻蜓的生物统治着天空，名叫**原蜓**，它的翼展可达75厘米。

我们是怎么知道这一切的？

节肢动物进化史中的点点滴滴，都是通过研究保存在岩石中的古生物残骸——化石了解到的。保存最完好的昆虫化石是在琥珀中发现的。琥珀是一种蜂蜜色的岩石，由松树流出的黏稠松脂经矿化形成。即使琥珀中包埋的是1亿年前的昆虫，看起来依然栩栩如生，肢体和翅膀上的每一点细节都纤毫毕现。正是有了琥珀，我们才能了解9000万年前地球上主要的昆虫类型。

琥珀中一只4000万年前的苍蝇（当然，它已经矿化了）。

2.2亿~2.09亿年前

蜂在三叠纪末期出现，初期的蜂是小型的独居性昆虫，后来逐渐开始形成群体。

1.4亿年前

地球上第一批跳蚤可能以恐龙的血液为食。后来，鸟类和哺乳动物成了它们完美的寄主。

1.45亿~1.33亿年前

1.4亿年前，某些种类的群居蜂丧失了飞行能力，最终进化成了**蚂蚁**。

0.92亿~0.73亿年前

在白垩纪晚期，一些种类的蛾子演化成了**蝴蝶**。

2.3亿年前

甲虫出现在三叠纪，大约与第一批恐龙同时出现。

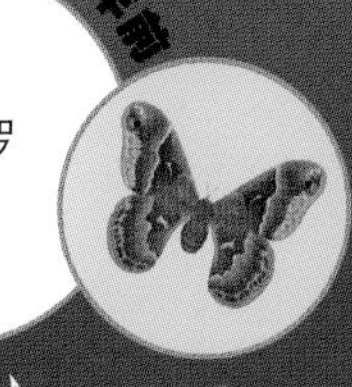

恐龙首次出现

2.07亿~1.88亿年前

蛾子出现在侏罗纪早期。

最后，

现代人类在大约10万年前才出现在地球上。这意味着节肢动物存在于地球上的时间比人类存在的时间长几千倍。

什么是昆虫？

食蚜蝇

昆虫是所有节肢动物中最成功、最常见的类群。很多人在提到节肢动物时，会直接说成“昆虫”，因为昆虫实在是太普遍了。昆虫成功的秘诀在于它们的飞行能力，这使得早期的昆虫可以逃离敌人，并征服新的栖息地。今天的昆虫都具有某些从远古祖先那里传承下来的关键特征：一般来说，成虫都有六条腿、两对翅膀和分为三个主要部分的身体——头部、胸部和腹部。

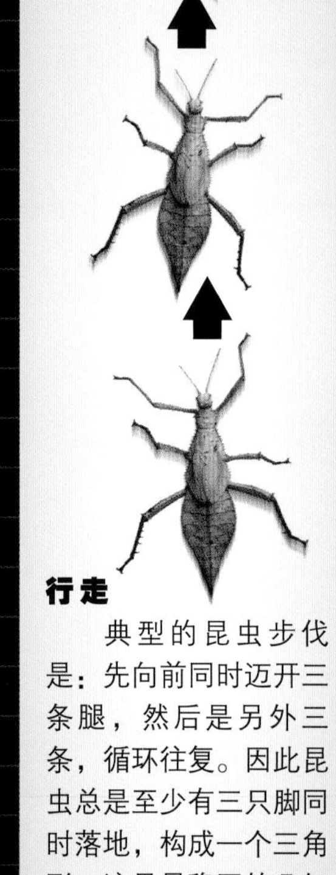

行走

典型的昆虫步伐是：先向前同时迈开三条腿，然后是另外三条，循环往复。因此昆虫总是至少有三只脚同时落地，构成一个三角形，这是最稳固的几何形状。因此六条腿是昆虫能协调运动的最小数量。现在的机器人已经能模拟这种运动方式了。

美西光胸臭蚁（*Liometopum occidentale*）

触角

复眼

颚

腿

大颚

和其他大部分节肢动物不同，昆虫具有突出头部外的口器。这只蚂蚁长着巨大的颚，咬合方式是像剪刀一样左右张合，而不同于人类的上下咬合。它那对大大的复眼和一对触角也是昆虫的典型特征。

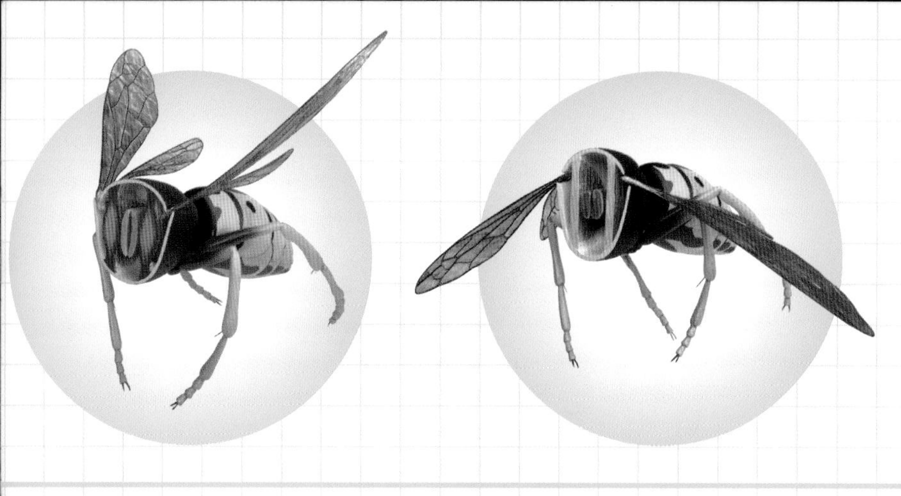

飞行肌

有些昆虫飞行肌的工作原理是拉动翅膀基部，而另一些昆虫，比如这只胡蜂，飞行肌牵动的是胸腔壁，这样能让翅膀的挥动频率更快。

头部

和大多数动物一样，昆虫的头部有嘴、脑和主要感觉器官。触角不仅有触觉，还有嗅觉和味觉。几百只独立的小眼聚集成了复眼。

胸部

昆虫的所有附肢和翅膀都从胸部长出，胸腔内生有强健的飞行肌。大多数昆虫飞行时都是同时拍打两对翅膀，不过蜻蜓则是交替挥动的，这种飞行方式具有极强的灵活性，使蜻蜓像直升机一样能向后飞，甚至上下颠倒着飞。

腹部

昆虫的身体后端包含主要的消化系统、管状心脏及生殖器官。一些雌性昆虫的身体末端生有产卵管，蜜蜂和胡蜂的这条管道同时也是毒刺。腹部没有真正的附肢，但毛毛虫的腹面上长着伪足。

德国黄胡蜂（*Vespula germanica*）

凑近看看，许多昆虫浑身都长满了毛，不可思议吧！这些纤毛能保持飞行肌的温度。腿上的纤毛还是一种感觉器官，能分辨出碰触到的东西的味道。

翅膀

无论是从昆虫的角度还是人类的角度来看，昆虫的翅膀都非常重要。为什么这样说呢？对昆虫来说，翅膀能让它们逃脱捕食者，寻找食物，吸引异性；而对人类来说，翅膀是昆虫分类的重要依据。

仔细观察翅膀

所有昆虫的翅膀都是由薄膜构成的，上面密布着具有支撑作用的网状翅脉。但不同类型的昆虫翅膀区别很大，昆虫学家根据这些差异给一些有翅昆虫分类。

令人吃惊的本领!

食蚜蝇的翅膀振动频率可达每秒1000次！它们能在空中悬停，这门“特技”可不是所有昆虫都会的。

翅膀有多少种类？

希腊语中“pteron”的含义是皮毛、翅膀或是羽毛。当这个单词用到昆虫身上时，就是翅膀的意思。全世界有很多昆虫类群，其中种类最多的是鞘翅目、膜翅目、双翅目和鳞翅目。此外还有直翅目、脉翅目等。

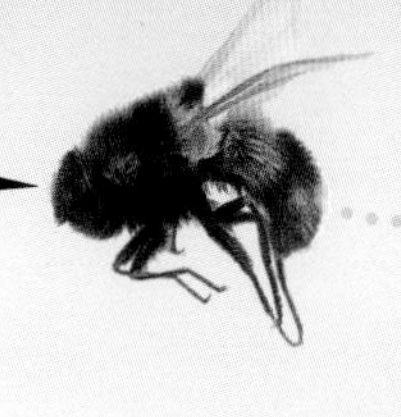

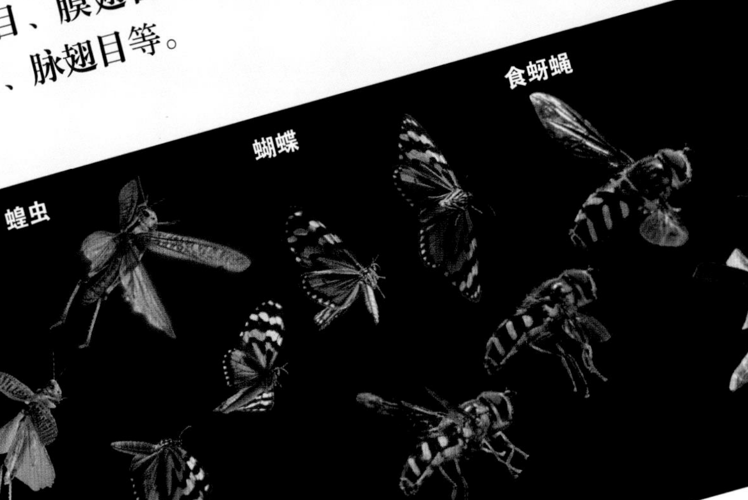

直翅目　具有形状笔直的外翅，包括蚱蜢、蟋蟀。

鳞翅目　翅膀上覆盖着细微的鳞片，包括蝴蝶、蛾。

双翅目　只有一对翅，第二对翅退化形成缠绳状的小棍，用来保持平衡和改变飞行方向，包括蚊蝇类，比如大蚊、食蚜蝇、马蝇。

鞘翅目　前翅演化成了保护盖，真正的飞翅折好收拢在下方，包括甲虫类，比如瓢虫和萤火虫。

膜翅目　在飞行时，前后翅能通过细微的小钩连接在一起，好似只有一对翅膀在扇动。这样的结构让飞行更平稳，并能更好地控制方向，包括胡蜂和蜜蜂。

脉翅目　具有两对大小一致、非常精致的翅膀，上面布满翅脉，比如草蛉。

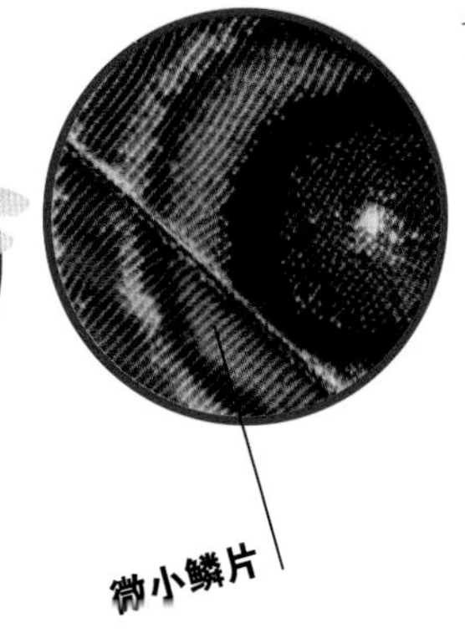

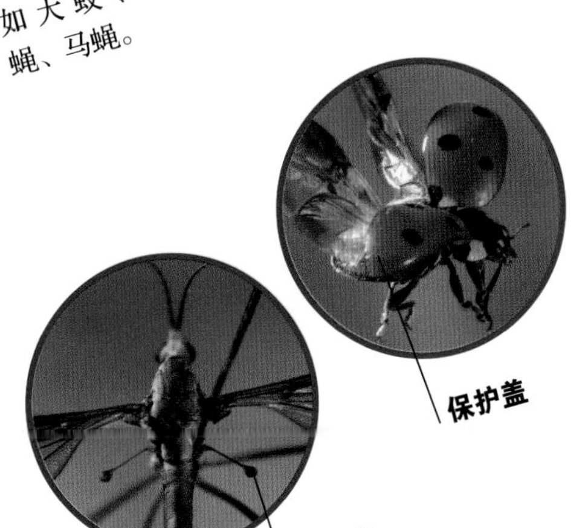

昆虫在飞行前必须预热它的飞行肌，甲虫是通过反复张开、合拢翅鞘的方法来做到这一点的。

我希望我是一只苍蝇，能在天花板上行走，但我每次尝试时，都会重重地落在地板上，

天花板看起来那么高，现在想想真是可笑。请告诉我吧，苍蝇先生，你是怎么四脚朝天地走路的？

上下颠倒

你看到过苍蝇或是别的昆虫停在天花板上吗？你希望自己也能做到吗？它们到底是怎么对抗万有引力的？

一只苍蝇，能在天花板上行走，但我每次尝试时，都会重重地落在地板上，

一、二、三、四、五、六，所有的脚，各就各位！这只苍蝇停在了天花板上！

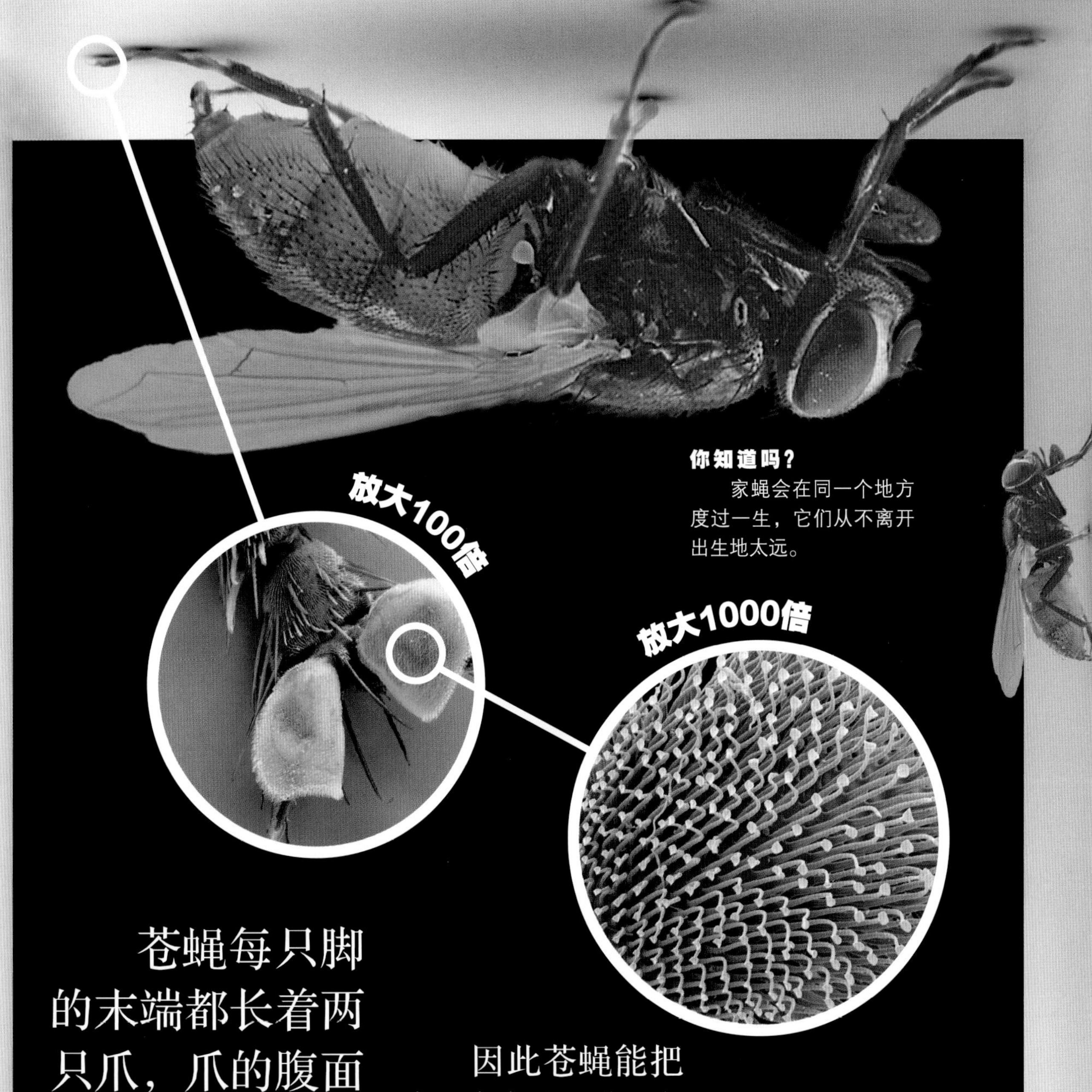

你知道吗？

家蝇会在同一个地方度过一生，它们从不离开出生地太远。

苍蝇每只脚的末端都长着两只爪，爪的腹面生有黏性爪垫，每只爪垫上生有一层微小的刚毛。这些刚毛上覆盖着爪垫分泌的黏性物质。

因此苍蝇能把自己牢牢地“黏”在天花板上，爪则能协助它们蹬腿解除黏着，离开天花板。正是这些黏性爪垫和多毛的腿，使家蝇成为各种病原微生物的携带者。

苍蝇是怎么在天花板上着陆的？苍蝇并不会四脚朝天地飞行，而是在降落前的一瞬间伸出两条前腿，“捉”住头顶的天花板，然后立即敏捷地翻一个筋斗，掉转全身，剩下的四条腿也瞬间触到天花板。成功着陆！

它怎么下来呢？轻轻一拧，微微一推，它飞到了空中！当苍蝇在天花板上走过时，会留下有黏性的足迹。

蝇会被粘在天花板上下不来吗？不会的，它用脚上细小的爪一推，就能自由地飞

昆虫的身体里是什么样的？

昆虫的骨骼位于体表，而不是在体内。看看我们自己的身体——骨骼是包被在组织中的，那么昆虫的身体究竟是什么样的呢？

观察一只蝗虫

和人类一样，昆虫也需要进食、消化、呼吸、循环，并感知外界环境。它们小小的躯体具备这一切功能。

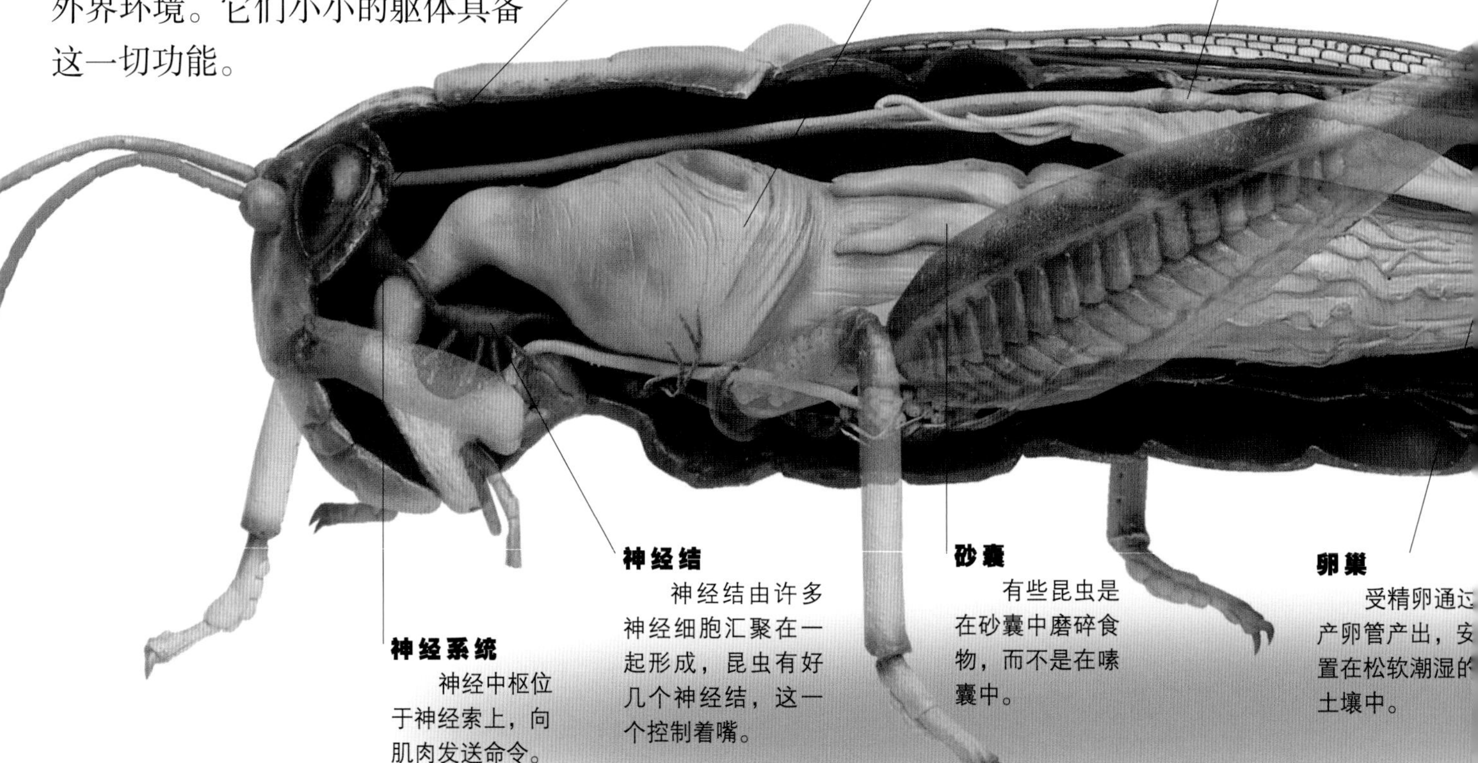

脑腔
位于眼睛后方内侧的脑是昆虫的控制中枢。
嗉囊
昆虫的胃又叫嗉囊，食物在其中进行初步消化。
心脏
昆虫的管状心脏位于身体的上半部分。心脏把血液输送到全身。
神经系统
神经中枢位于神经索上，向肌肉发送命令。
神经结
神经结由许多神经细胞汇聚在一起形成，昆虫有好几个神经结，这一个控制着嘴。
砂囊
有些昆虫是在砂囊中磨碎食物，而不是在嗉囊中。
卵巢
受精卵通
产卵管产出，安
置在松软潮湿
土壤中。

蚱蜢、蟋蟀及蝗虫都属于直翅目。这一大类包含的物种很丰富——至少存在2万种不同的蚱蜢和蟋蟀。下面是其中很小的一部分。

蝗虫　蚱蜢　蚱蜢　蚱蜢　蝗虫　蚱蜢

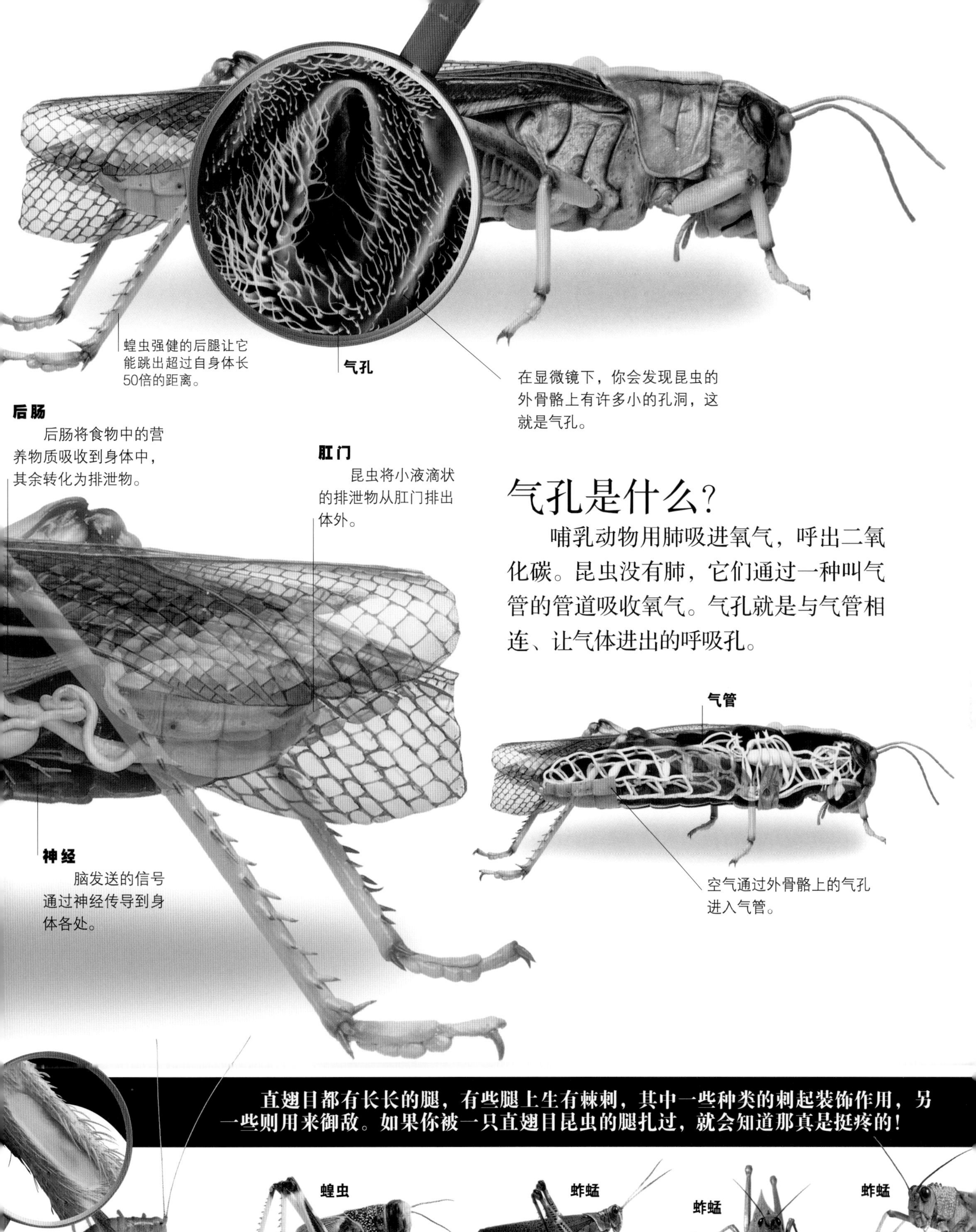

蝗虫强健的后腿让它能跳出超过自身体长50倍的距离。
气孔
在显微镜下，你会发现昆虫的外骨骼上有许多小的孔洞，这就是气孔。
后肠
后肠将食物中的营养物质吸收到身体中，其余转化为排泄物。
肛门
昆虫将小液滴状的排泄物从肛门排出体外。
神经
脑发送的信号通过神经传导到身体各处。
气管
空气通过外骨骼上的气孔进入气管。
螽（zhōng）斯
蝗虫
蚱蜢
蚱蜢
蚱蜢

气孔是什么？

哺乳动物用肺吸进氧气，呼出二氧化碳。昆虫没有肺，它们通过一种叫气管的管道吸收氧气。气孔就是与气管相连、让气体进出的呼吸孔。

直翅目都有长长的腿，有些腿上生有棘刺，其中一些种类的刺起装饰作用，另一些则用来御敌。如果你被一只直翅目昆虫的腿扎过，就会知道那真是挺疼的！

眼睛

看东西

你不会相信的！

昆虫有几只眼睛？

一些昆虫有两只眼睛，但大多数昆虫都有五只眼睛！比如蜜蜂有两只多棱镜一样的复眼，还有三只独立的小眼，又叫单眼。蚱蜢和蜻蜓也是如此。单眼用来感受光线和运动的物体，复眼则用于更细致地观察。

昆虫复眼的视力不像人类的眼睛那么好，如果人类也是复眼，就必须比现在的眼睛大50倍，才能达到正常视力水平。

昆虫没有眼睑，它们用前肢

它们看见了什么？

复合影像昆虫眼中的世界是什么样的？没有人能真正知道，但我们已经了解了昆虫眼睛的工作原理。人类的两只眼睛各为一个透镜系统，而大多数昆虫的复眼是由数以千计小透镜般的小眼构成的，每个小眼向大脑传送的影像都略有不同。

复眼由成百上千个微小结构组成，这种结构叫小眼面。每个小眼面的角度和邻近的小眼面都稍有不同，这使昆虫对运动物体非常敏感，却不擅长观察细节。

每个小眼面都是六边形。

捕食性昆虫看不见静止的猎物，哪怕猎物就停在它面前。

我的眼睛是毛茸茸的！
这只蜜蜂的眼睛表面长满了毛，如果弄脏了，蜜蜂必须把它们梳理干净。

我的眼睛最大了！
蜻蜓巨大的眼睛为它提供了良好的视力，它在飞行时可以运用360° 的视野来捕捉猎物。

我的眼睛像两管炮筒！
这只达氏曲突眼蝇（*Cyrtodiopsis dalmanni*）的眼睛位于细柄的顶端，约5毫米长。

擦拭眼睛表面来保持清洁。

饿了吗？

世界上很多人会把一些**无脊椎动物**视为美味佳肴，你大概也吃过龙虾、对虾、牡蛎、螯虾、螃蟹或是贝类吧？这些食材是非常常见的。然而那些喜欢**吃烹制好的昆虫和蜘蛛**的人，却被认为有些奇怪，还有个特殊的称号——**食虫族**。

用来做早饭、午饭和下午茶的**虫子**。这是**给**你的，**给我留点儿啊！**

在哥伦比亚——的首都波哥大，作为看电影时的零食，烤切叶蚁蚁腹比爆米花受欢迎多了。

世界各地的人们都吃什么虫子呢？

在**日本**，人们将水蝇幼虫用糖和酱汁炒着吃。

在**中国**，蚕茧抽去了蚕丝之后得到的蚕蛹是一种家常美食。

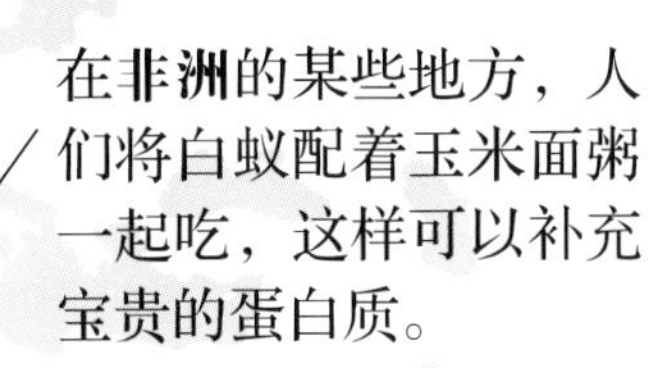

在**非洲**的某些地方，人们将白蚁配着玉米面粥一起吃，这样可以补充宝贵的蛋白质。

美国原住民

各种各样的昆虫是美国原住民的传统美食，其中包括毛虫。但现在这种饮食习惯在北美（或欧洲）已不再普遍。

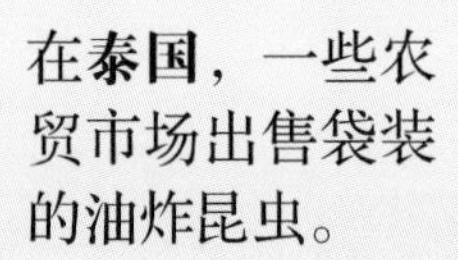

在**加纳**，有翅白蚁能用来油炸、烘烤或是磨碎做成面包。

在**泰国**，一些农贸市场出售袋装的油炸昆虫。

在**南非**，一种大型的可食用毛虫——莫桑比虫甚至发展出了一项巨大的产业，这种毛虫能长到10厘米长。

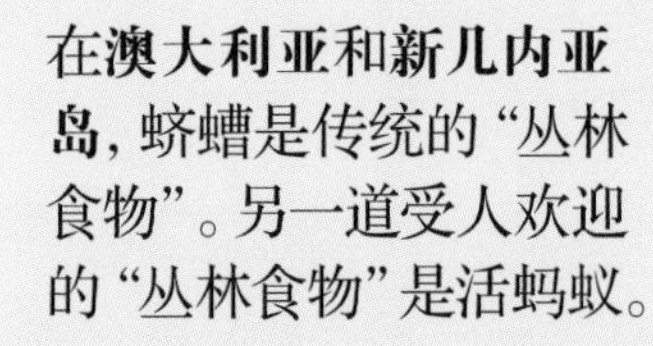

在**巴厘岛**，你会发现这样一道菜：一堆浸泡在椰奶中的蜻蜓，还辅以生姜和大蒜调味。

在**拉丁美洲**，人们喜欢吃蝉、狼蛛、红腿蚱蜢、食用蚁及甲虫的幼虫。

在**澳大利亚和新几内亚岛**，蛴螬是传统的“丛林食物”。另一道受人欢迎的“丛林食物”是活蚂蚁。

为什么？

人们之所以吃昆虫和蜘蛛，首先是因为味道很棒——有人说炸昆虫吃起来就像酥脆的熏肉；其次，昆虫还能补给维生素和矿物质；最后，它们到处都是，数量那么多！

现在，看见我了吗？

又看不见了吧?

一些昆虫是伪装高手，毕竟它们不想被捕食者吃掉。
看看它们伪装得多么巧妙吧！

90%的动物物种都是昆虫，其中1/3是甲虫。

鞘翅目昆虫（也就是甲虫）是动物界最大的目。

怎样才算是一只甲虫？

甲虫属于昆虫，有六条腿及分为三部分的身体。大多数甲虫有两对翅膀，但其中一对并不是用来飞的，而是演化成了坚硬的外壳，保护真正用于飞行的翅膀。全球共有超过36万种已经命名的甲虫，还有更多有待发现的种类。

人们把研究甲虫的学者称为鞘翅目昆虫学家。

除了海洋和极地附近，地球上的绝大多数角落都能发现甲虫的身影。

黑暗中的闪光

7万只萤火虫能发出相当于一只白炽灯的光量。

在仲夏的夜晚，萤火虫（②）在丛林里飞来飞去，闪烁着魔法般的光亮。它们通过荧光的闪烁来向异性传递信号。世界上有几百种萤火虫，每一种都有不同的闪烁密码。一些肉食性萤火虫甚至用欺骗密码来引诱、捕杀其他种类的萤火虫。

萤火虫通过腹部的化学反应来发光，该反应的效率几近完美。白炽灯发光时，90%的能量以热能的形式浪费掉了，而萤火虫能保持低温，将几乎100%的能量转化成光。萤火虫的幼虫（①），或是没有翅膀的雌性萤火虫也能发光。幼虫发光不是为了吸引异性，而是警告捕食者它们不能吃。

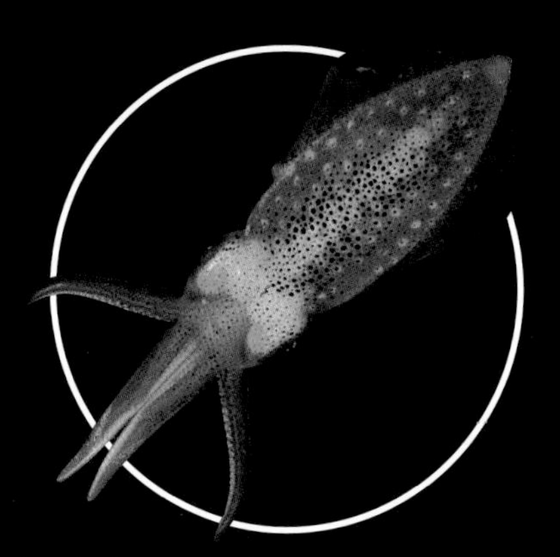

还有什么动物能发光？

除了萤火虫之外，还有一些能发光的小飞虫、发光跳虫，以及许多能发光的海洋动物。大约90%的深海生物都能发光，而且至少有一个用途。一些生物，比如琵琶鱼通过发光来诱捕食物，另外一些生物，包括这些发光鱿鱼，能喷出一大片发光的液体来惊吓敌人，自己趁机逃之夭夭。

植物能在黑暗中发光吗？

一些蘑菇能发光，可能是为了吸引小昆虫来帮助传播孢子。蘑菇能发出奇异的光，被称为“狐火”（foxfire），在人类最早的潜艇上用于便携式照明。

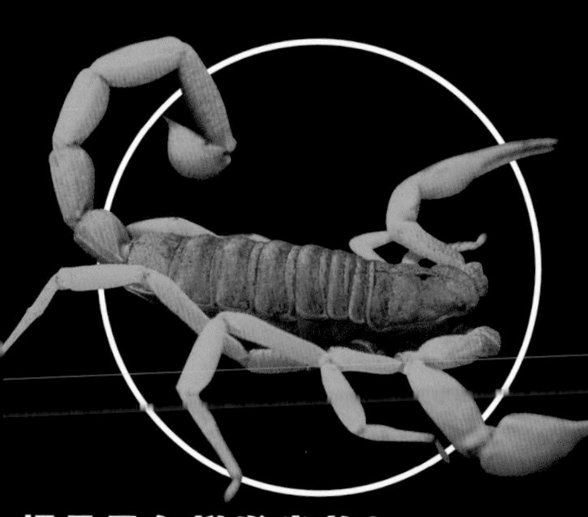

蝎子是怎样发光的？

蝎子本身不能发光，但是在紫外线灯（一种黑光捕虫灯）的照射下能发出蓝绿色的光。这种光来自蝎子壳中的荧光物质，科学家也不知道这有什么作用。也许唯一的好处是，当你拎着紫外线灯走夜路时，就能很容易发现蝎子，不会不小心一脚踩上去了！

光从哪里来？

萤火虫、鱿鱼及蘑菇都用类似的方法来发光：使用一种叫作虫荧光素的物质和氧气发生反应，从而产生荧光。科学家已经找到了编码这一化学物质的基因，也找到了将这一基因嵌入癌细胞中使癌细胞发光的方法。这可能使我们在对癌细胞扩散的研究中取得重大突破。

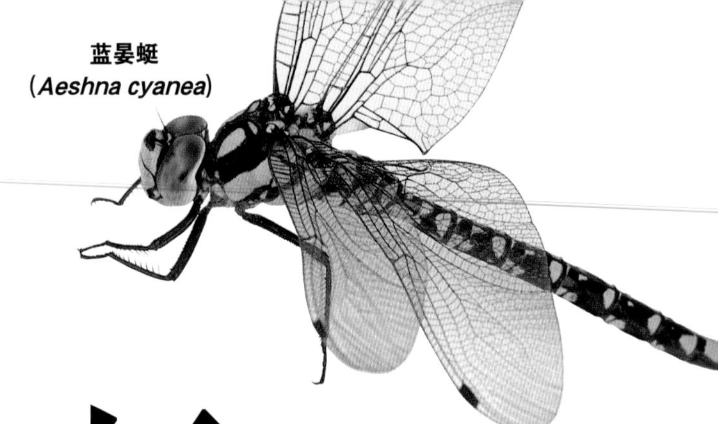

蓝晏蜓
(*Aeshna cyanea*)

成长

昆虫的生长发育和人类完全不同。多数昆虫从幼虫到成虫需要经历一个戏剧性的转变，变化大到成虫和幼虫的外形完全不一样，这一过程称为变态发育。

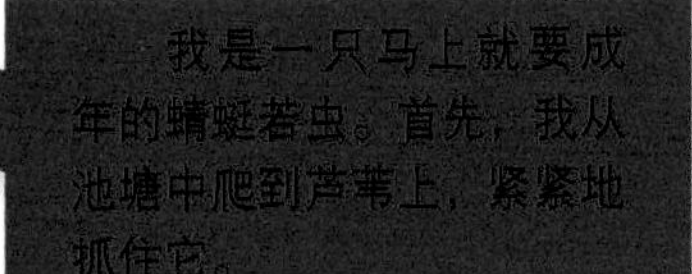

我是一只马上就要成年的蜻蜓若虫。首先，我从池塘中爬到芦苇上，紧紧地抓住它。

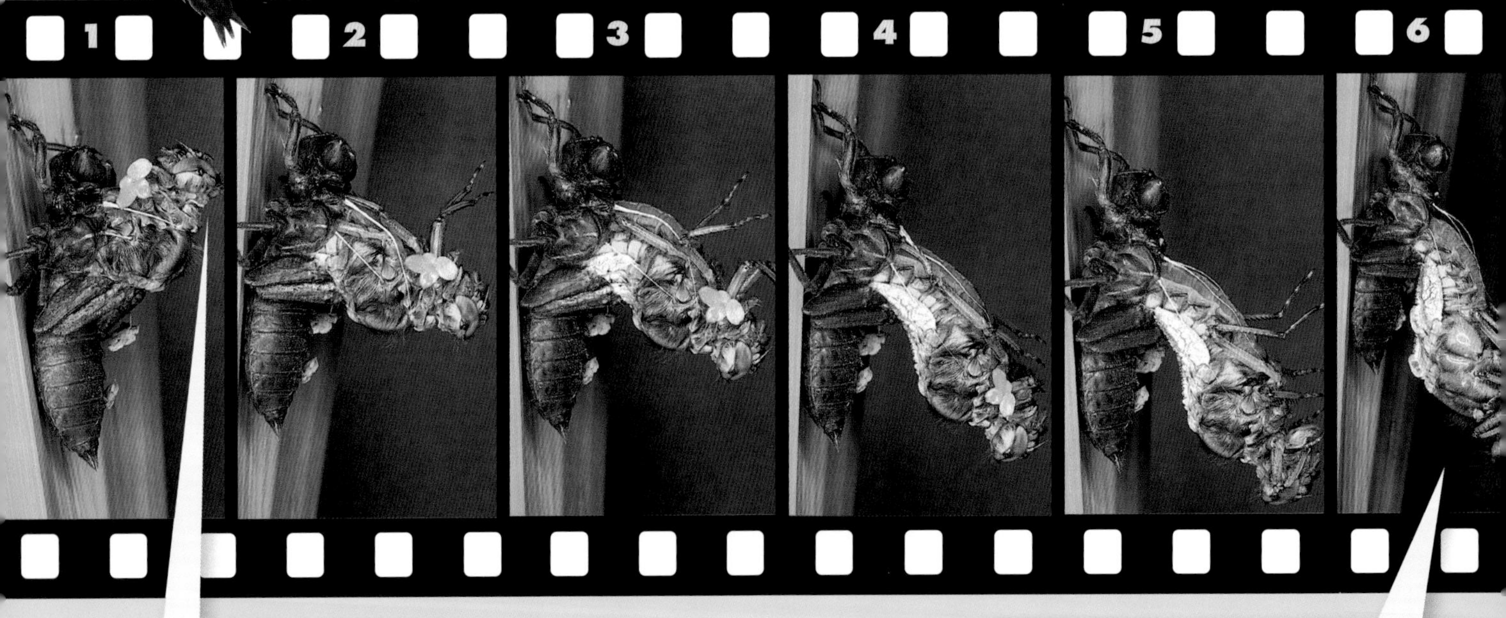

我划破了我的外壳，开始扭动。

我的新外皮已经形成了，但一开始它很柔软，所以我能从旧的外壳里面挤出来，大约一个小时后，新的外皮就变硬了。

完全变态

大概90%的昆虫幼虫和成虫完全不一样，幼虫没有翅膀，没有触角，也没有复眼。毛虫是蝴蝶的幼虫，幼虫的使命就是吃、吃、吃，然后生长。接着，幼虫变成蛹，进入休眠期。在蛹内部，它的身体结构重建成成虫的样子。

简单生长

少数昆虫不经历变态阶段，其幼虫就是成虫的迷你复制，过一段时间蜕一次皮，就这样简单地长大。

不完全变态

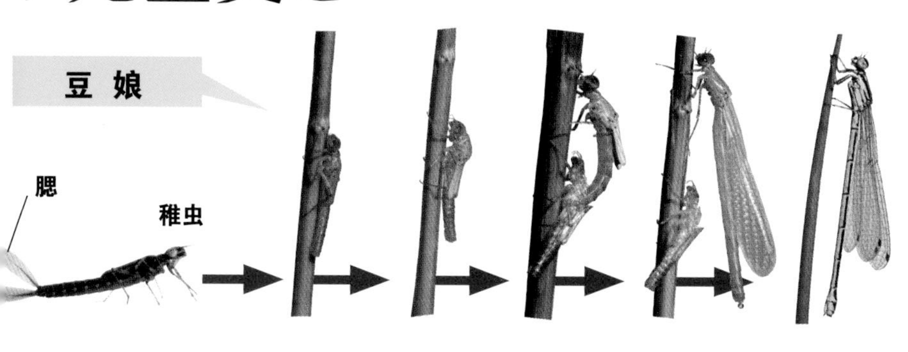

豆娘、蟑螂等多种昆虫都是阶段性地生长，幼年个体叫作若虫、幼虫或稚虫，看起来很像成虫，但是没有翅膀，每一次蜕皮后就会更像成虫，直至最后一次蜕皮才长出翅膀。蜻蜓和豆娘的稚虫生活在水中，它们最后一次蜕皮时变化非常大。

我的翅膀现在皱缩着，但是会慢慢地展开，然后我将开始第一次飞行啦。

离开水大概一个小时后，我开始飞向我的成年生活。

谁是它的父母？

蓝色页面上的所有节肢动物都是成虫，白色页面上的是它们变态前的幼体形态（若虫）。你可以在比较成虫和幼虫后写下你认为是一对的数字及字母，正确答案见第37页。

亲子对对碰！

答案：

1l 瓢虫和它的幼虫
2k 家蝇和蛆
3j 豆娘和它的稚虫
4i 螃蟹和它的幼体
5d 蚊子和它的幼虫
6c 大蚊和它的幼虫
7b 龙虱和它的幼虫
8a 南洋大兜虫和它的幼虫
9h 墨西哥豆甲虫和它的幼虫
10e 邮差蝴蝶和它的毛虫
11f 胡蜂和它的幼虫
12g 龙虾蛾和它的幼虫

哎哟！
你踩到我的
翅膀了！
在北美的一些地方，几乎
每年都会出现不同种类的蝉群，
不过，规模最大、最壮观的称为“周期
蝉（brood X）”，最近的一次是在
2021年春末出现的。

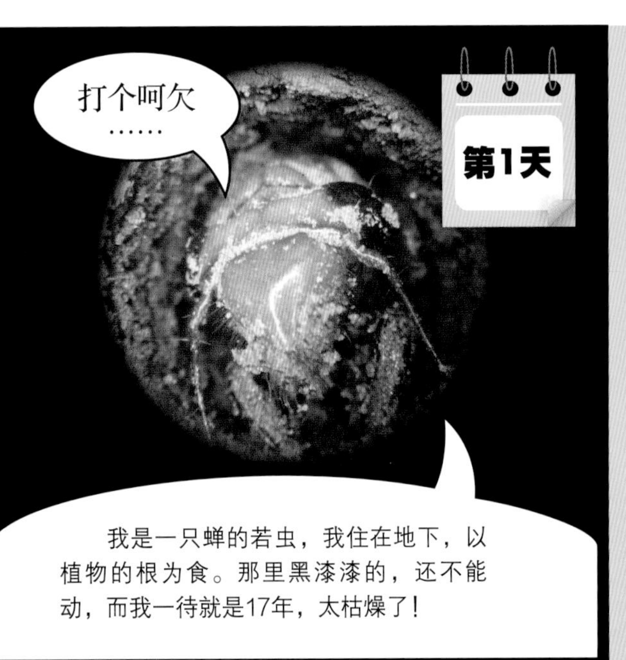
打个呵欠
……
第1天
我是一只蝉的若虫，我住在地下，以
植物的根为食。那里黑漆漆的，还不能
动，而我一待就是17年，太枯燥了！

17年过去了，我慢慢长大
了，是时候逃离地下的藏身之处了。午
夜时分，我挖好了一条逃生通道，爬到外面的
空地上。数以百万计的同伴会相继出来，在附
近的树木等植物上为自己即将发生的惊人
改变寻找一个安全的地方。
该蜕皮了，挣脱
旧外壳之后，成年的我
爬了出来！

给我让路！
第5天
现在，森林中有上
百万个“我”，虽然捕
食者抓住了其中很多，但我
们的数量还是远远多于敌人
吃掉的，我们中的大多数都
存活下来了。

第8天
我是一只
雌蝉，我听到了雄蝉的
歌声，它们在召唤我。雄蝉通过快
速地里外振动鼓膜来发出巨大的
声音。

第10天

千载难逢

日记的日期

2021

5月

周期蝉是一个不可思议的物种，它们要在地下度过13年或17年暗无天日的少年时光。然后在深夜爬上地面，开始短暂的成年生活。每隔13年或17年，北美的森林中就会一夜之间布满数目庞大的蝉群，它们几乎占据了每一根树枝，到处都充斥着响亮的鸣叫声，这简直是一个自然界的奇迹。

第14天

交配后，我在树上产卵。为了保证孩子们的安全，我在小树枝的树皮上咬出痕迹，然后将卵深深推进那些裂缝里。我产下数百个卵，耗尽了所有的精力，我的使命也完成了，所以我就安心地死去了。

第60天

到了夏末，整个森林中散落着数百万我们的遗体和蜕壳。当这些遗骸腐烂后，可以滋养树木，它们的根茎又反过来滋养我们的后代。

我们的卵在产下大约8周后孵化出蝉宝宝，它们会掉到地面上，钻进泥土中，开始又一轮17年的地底生活……

蝴蝶

纹黄蝶
（*Colias eurytheme*）

红灰蝶
（*Lycaena phlaeas*）

北美大黄凤蝶
（*Papilio glaucus*）

黄斑黑弄蝶
（*Euschemon rafflesia*）

日本纹白蝶
（*Pieris rapae*）

日间活动
绝大多数蝴蝶在白天飞行，也有一小部分在黄昏时活动，但没有一种会在晚上出现。阳光能提高它们飞行肌的温度，便于飞行。

触角
绝大部分蝴蝶具有细长的触角，每只触角顶端都有一个小的圆棍样结构。

躯干
蝴蝶的躯干通常是圆滑、瘦小的。

伊眼灰蝶
（*Polyommatus icarus*）

取食
蝴蝶用它们像卷曲的吸管一样的口器来吸取花蜜。

艺神袖蝶
（*Heliconius erato*）

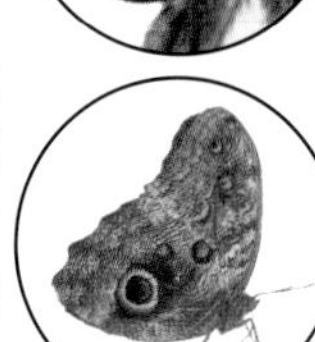

休息
绝大多数蝴蝶在休息的时候，翅膀会合拢竖立于背上。

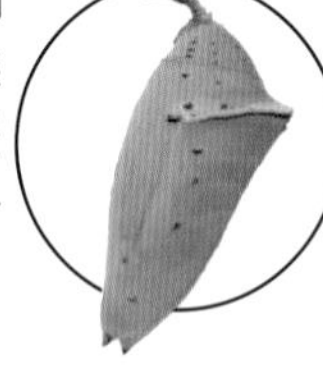

蛹
蝴蝶的蛹也叫蝶蛹，有着保护性的坚硬外壳，通常挂在一片叶子下面。

绿鸟翼凤蝶
（*Ornithoptera priamus*）

黄边蛱蝶
（*Nymphalis antiopa*）

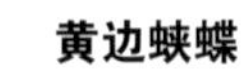

云上端红蝶
（*Anthocharis cardamines*）

亚历山大女皇鸟翼凤蝶
（*Ornithoptera alexandrae*）

黑脉金斑蝶
（*Danaus plexippus*）

蓝闪蝶
（*Morpho menelaus*）

蝴蝶和蛾都属于一类昆虫——鳞翅目。

还是蛾？

蝴蝶是由蛾演化而来的。它们有许多共同的特征，但还是有一些特征能帮你区分它们。

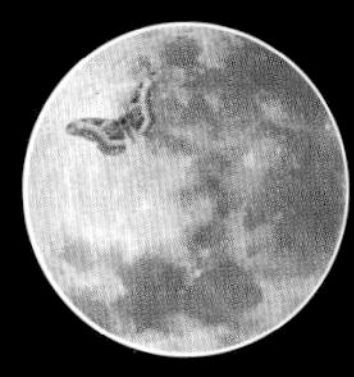

晚上飞行

绝大部分蛾是在晚上活动的，虽然也有一些在白天出现，它们靠振动飞行肌来保持体温。

一对触角

许多蛾有着像羽毛、刷子一样的触角，这使它们在晚上能够通过嗅觉来辨别方位。

躯干

和蝴蝶相比，蛾的身体更浑圆，且毛茸茸的，这些绒毛能在夜晚帮助它们保温。

取食

蛾在夜间很难找到食物。许多成年的蛾没有口器，根本不吃东西。

休息

在休息时，蛾通常张开翅膀，平铺着或是略微向下耷拉。

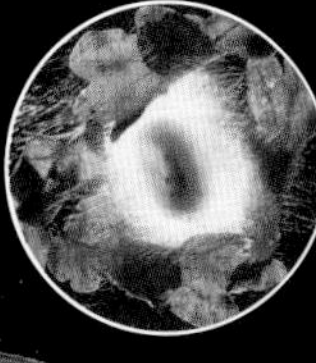

蛹

蛾的蛹藏在茧里，一般能在地表或土壤中发现茧（但不是所有的蛾都能结茧）。

灰绿尺蠖蛾（*Geometra papilionaria*）

黑带二尾舟蛾（*Cerura virula*）

黑白汝尺蛾（*Rheumaptera hastata*）

红裙斑蛾（*Zygaena filipendulae*）

雌性蝙蝠蛾（*Hepialus humuli*）

圆翅天蚕蛾（*Callosamia prometheae*）

雄性蝙蝠蛾（*Hepialus humuli*）

豹灯蛾（*Arctia caja*）

圆掌舟蛾（*Phalera buoophala*）

绿天蛾（*Euchloron megaera*）

枯球箩纹蛾（*Brahmaea wallichii*）

芳香木蠹蛾（*Cossus cossus*）

螟蛾（*Vitessa suradeva*）

也就是说它们的翅膀上都覆盖着一层细小的鳞片。

看看这一大群“帝王”

黑脉金斑蝶的非凡旅途

多彩的黑脉金斑蝶（又名帝王蝶）体形很小，因此这场长途旅程就更加令人惊叹。第一片秋叶掉落时，成千上万的黑脉金斑蝶从加拿大南部及北美洲其他地区聚集起来，向南方迁徙。其中一些将飞行近4800千米，到达气候温暖的美国加利福尼亚和墨西哥。

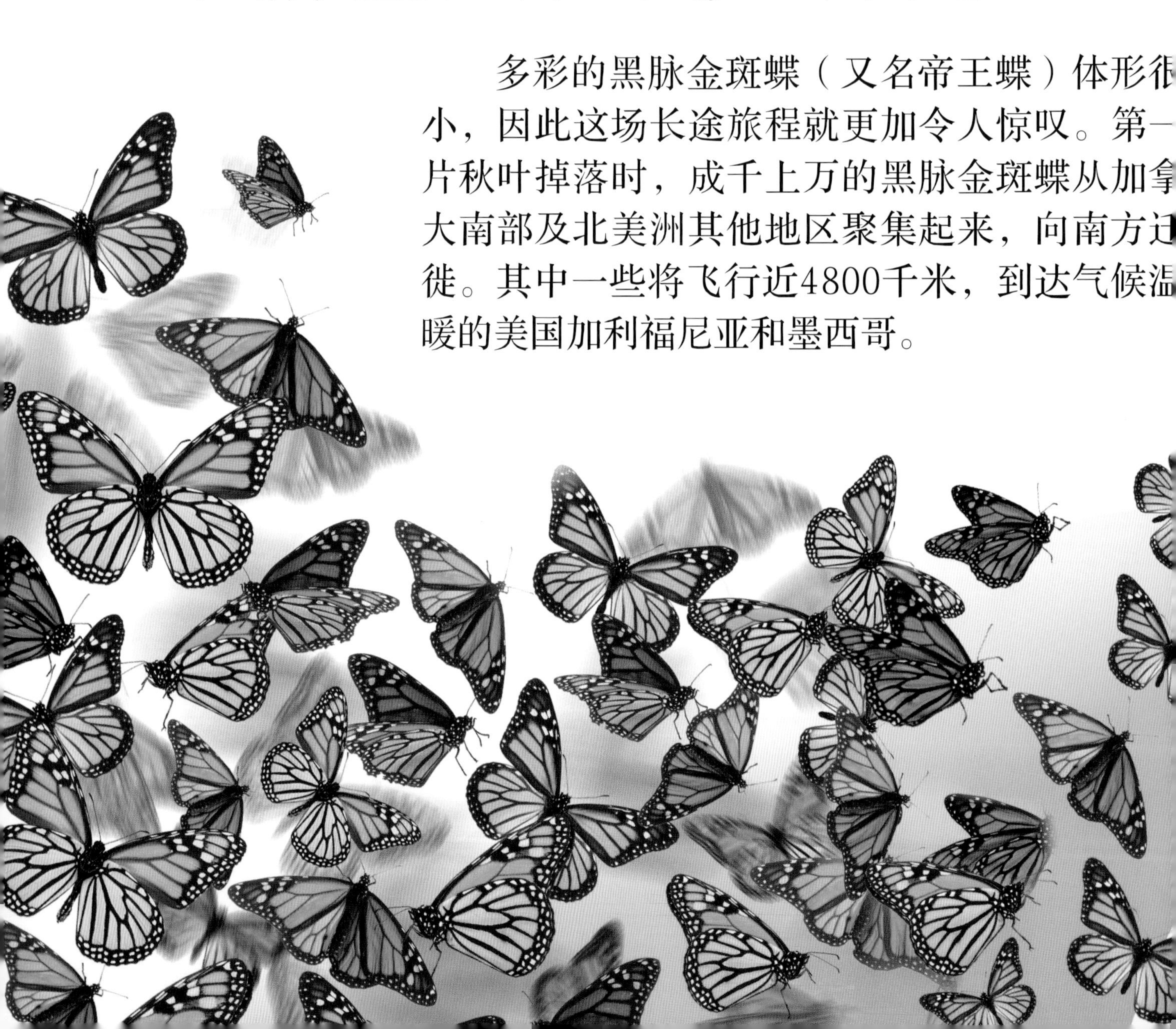

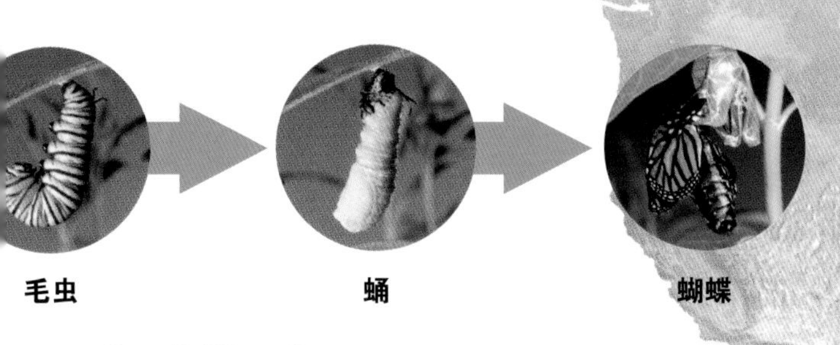

黑脉金斑蝶在北美的几条迁徙路线之一。

生存模式

1 **三月至四月：**第一代蝴蝶出生。它们经历了完全变态，从卵到毛虫，到蛹，再到蝴蝶，然后交配、产卵，最后死亡。

2 **五月至六月：**第二代出生。它们的经历和第一代一样。

3 **七月至八月：**第三代出生，同样经历变态和死亡。

4 **九月至十一月：**第四代蝴蝶不会很快死去，而是经历一段漫长得难以置信的向南迁徙的旅程，然后在墨西哥或加利福尼亚南部冬眠五至七个月。它们在来年春天的二月和三月苏醒并交配，接着又经过漫长的旅程飞回北方产卵，最后死亡。年轻的蝴蝶凭借着本能回到第一代生长的地方——它们的父辈并没有告诉它们这条回去的路！

在墨西哥安加圭镇附近的一个栖息地，每年估计有一亿只黑脉金斑蝶从美国北部飞到这里。空中回荡着它们扇动翅膀的声音。

黑脉金斑蝶有毒，味道也很糟糕，所以捕食者很快就学会了不去招惹它们。

四代蝴蝶会共同完成这令人惊异的旅程，其中**第四代**完成了大部分任务。

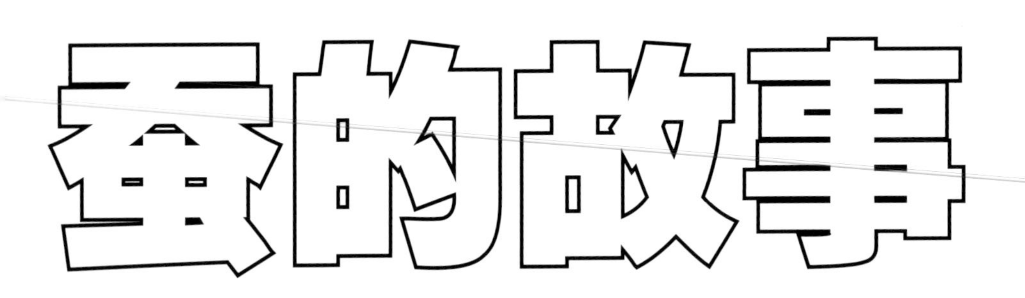

首先你要知道的是，我不是一条蠕虫，我是一种中国蛾的毛虫，人们从我的茧中抽出丝、纺成丝绸，至少已有4000年的历史了。

雌性蚕蛾不会飞，而雄蛾的飞行技
也很糟糕，所以雄蛾需要待在雌蛾近旁，
不然它将找不到雌蛾。成年雄蛾在交配
就会死亡，雌蛾在产完卵后也会死亡。

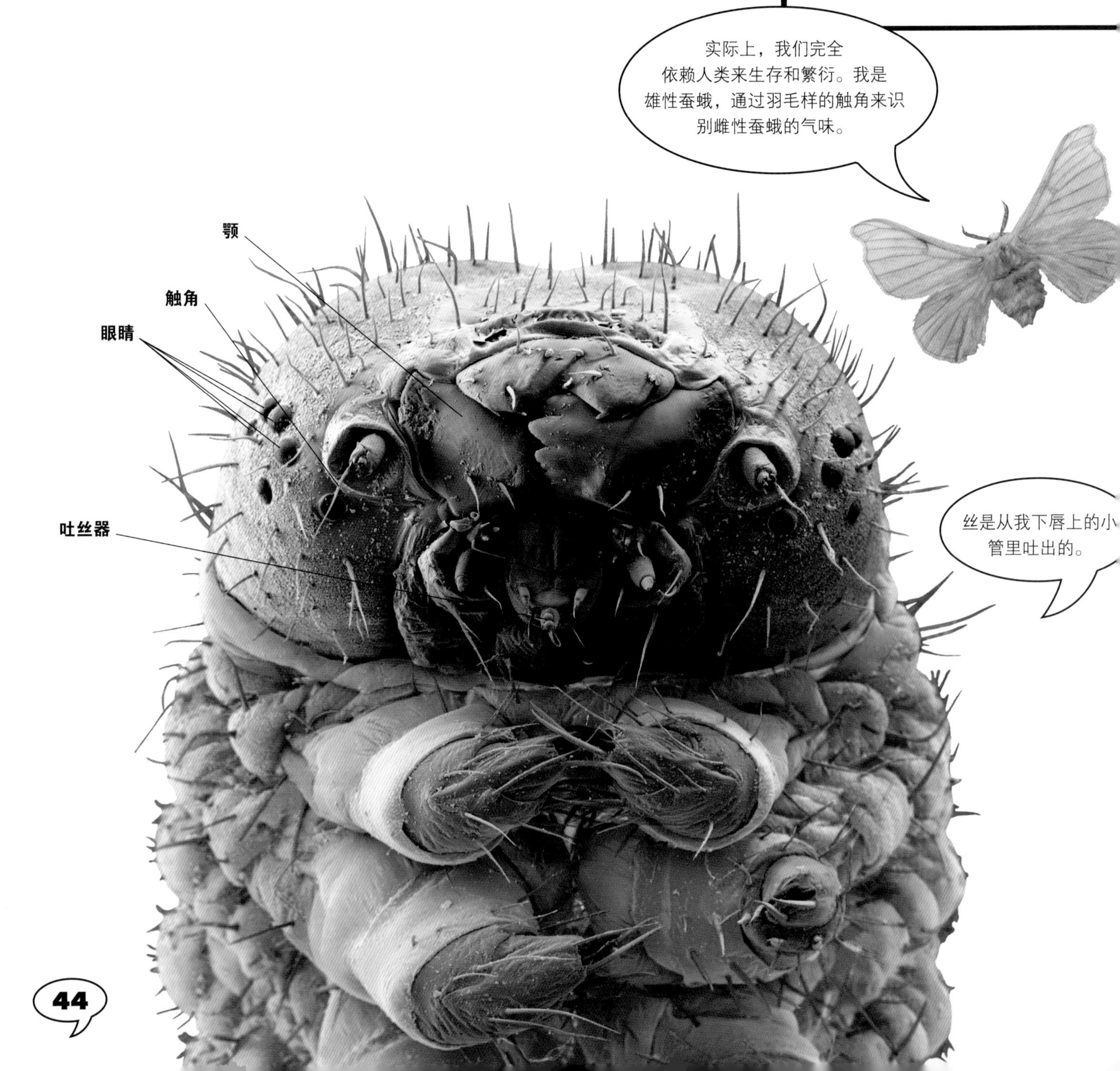

实际上，我们完全依赖人类来生存和繁衍。我是雄性蚕蛾，通过羽毛样的触角来识别雌性蚕蛾的气味。
颚
触角
眼睛
吐丝器
丝是从我下唇上的小管里吐出的。

作为幼虫，我唯一要
做的就是吃东西。我只吃桑叶，不
会吃掉很多。我至少要花26天的时间
蜕四次皮。我的外皮是不会生长的，
所以我不得不蜕皮。

我准备要结茧了，
我用从下唇上的小管吐
出丝将自己的身体缠绕
包裹起来。

茧可能是黄色
或白色的，你知道
为什么吗?
非常简单，不
同品种的蚕会结出不
同颜色的茧。

织一件丝绸衬衫
需要1000个茧。

经过挑选后，好的
茧用于抽丝织布，一些
不好的，比如有斑点或
小孔的茧将被剔除。

在热水中，
茧才能煮软。
这是从茧中抽出连续
丝的唯一方法。

现今，丝绸是在大
工厂中制造的，但依旧要把
茧放在热水中，只是改用
纺织机来抽丝了。

6至10根细丝捻在一起成为一股
丝，这个过程是用大机器来完成的。
每个茧能产出超过1千米长的细丝。

这就是我们工作的
成果啦。

蝗 灾

蝗虫带来的毁灭性灾难

只有在群体中才会这样……

沙漠蝗通常都是独居的，但是它们能变得完全不同。只要有足够的食物，大量若虫就会孵化出来。在过于拥挤的条件下，它们的外表会发生极大的改变：身体变得短小，颜色也会改变。

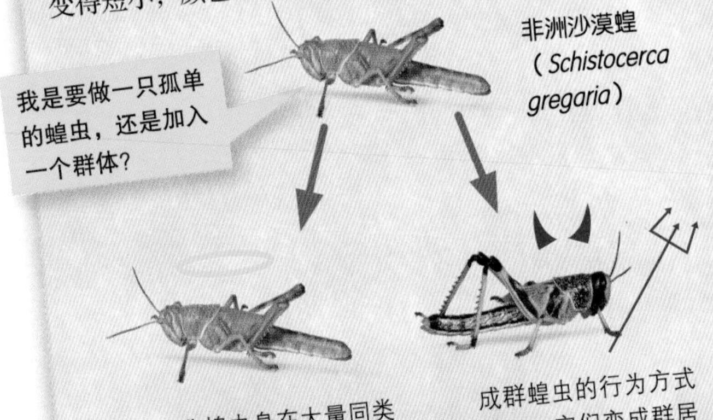

非洲沙漠蝗（*Schistocerca gregaria*）
我是要做一只孤单的蝗虫，还是加入一个群体？

除非蝗虫身在大量同类组成的群体里，否则这些独居的蝗虫将会一直是绿色的，破坏力也相对小得多。

成群蝗虫的行为方式也改变了：它们变成群居性的动物，一大片一大片地毁坏农作物。

通缉令

声名狼藉的蝗虫帮——它们是大害虫！

巨额奖金悬赏

只要你能找到阻止沙漠蝗肆虐的方法。

我只是肚子饿了要吃东西，这难道有错吗？

有什么解决方法吗？

很不幸，一旦**沙漠蝗**开始侵袭，农民就只能眼睁睁地看着庄稼被贪婪的蝗虫吞噬。科学家试图通过预报可能的蝗灾暴发地区来帮农民早做准备，但是飞蝗群太过庞大了，它们很快就能占据上风。

乌云来袭

起飞的蝗虫群像一片乌云一样从地平线出现，它们每天可以飞行130千米，所以停下时就会非常饥饿，几分钟就能吃光整片农田，只留下光秃秃一片。而且它们分布很广，至少有60多个国家曾报道过飞蝗群。

上图：蝗虫在进食
右图：庄稼上的蝗虫群

午餐吃什么？

蝗虫全身都有传感器，能快速辨别它接触到的植物能不能吃。

85p

1996年10月10日

国际报道

卷土重来的灾难

据当地农民报告，东非大部分地区的蝗虫数量在不断增加。几千年来，非洲和亚洲大部分地区的农民都害怕这种昆虫，蝗虫非常贪吃，每天能吃掉相当于自己体重的食物。蝗群能覆盖几百平方千米的范围，每平方千米内有8000万只蝗虫。索马里的一次蝗灾中，蝗虫吃掉了能供40万人吃一年的食物。

蝗群飞过

谁的宴席？

你能想到的最恶心的东西是什么？

无论是什么，对于节肢动物来说都是美味的。节肢动物能吃下并消化我们星球上几乎所有的有机物。

这些都是在人身上进餐的节肢动物：**虱子**在头发间爬动，叮咬皮肤、吸食血液；**蚊子**落在人身上，叮咬一口，吸满血后就飞走；微小的**疥螨**会在你的皮肤内钻开一条隧道，造成剧烈瘙痒；**马蝇蛆**钻入肌肉层，在里面“住”上几个星期取食血肉。

可怜的**蚕蛾**在成年后不吃任何东西，它们不能用嘴，也没有嘴来吃东西，几天后它们就会死于饥渴。

果蝇喜欢腐烂水果的味道，里面含有天然产生的酒精。和人类一样，它们喝多了也会醉，但是它们从不会上瘾。

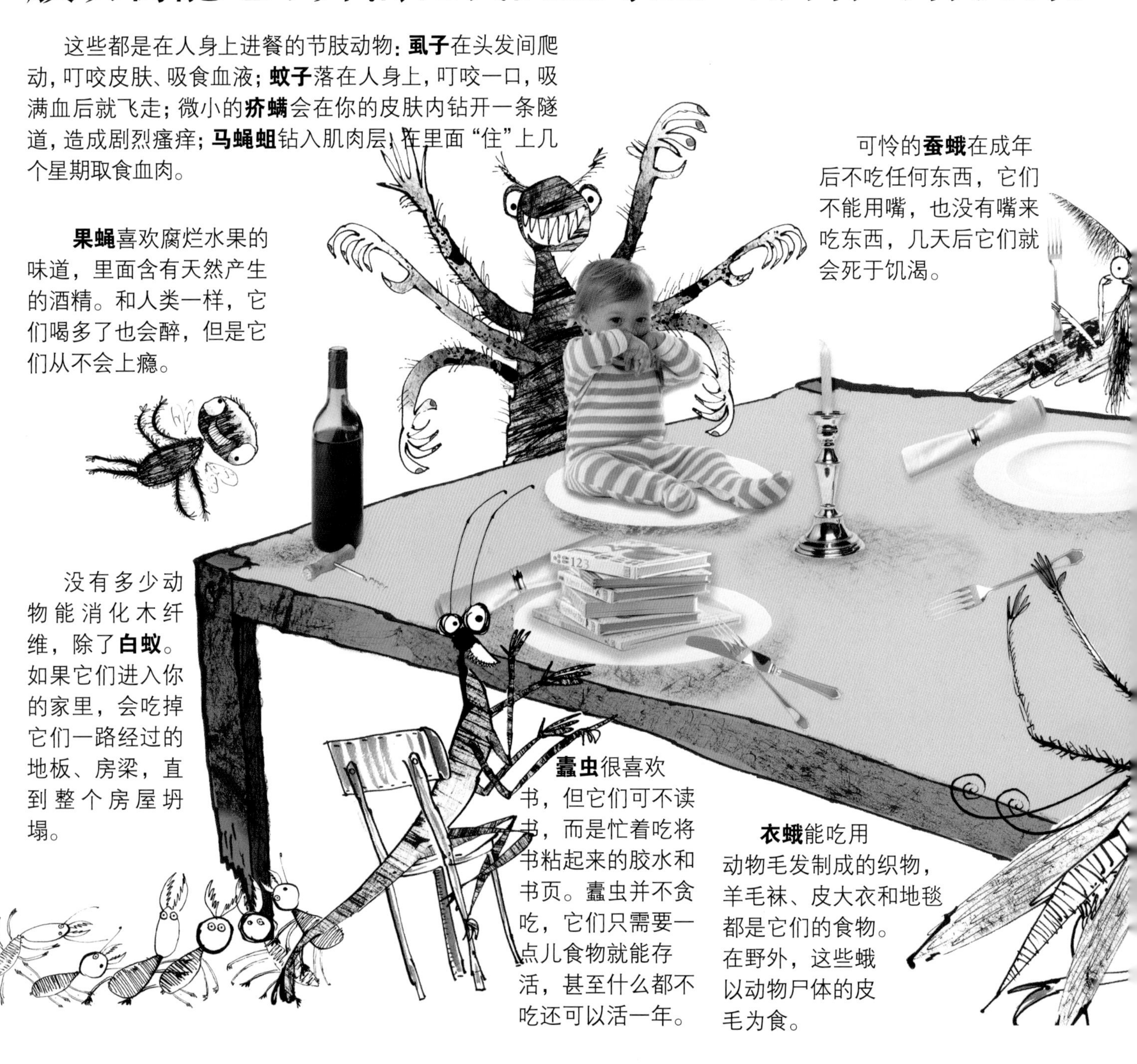

没有多少动物能消化木纤维，除了**白蚁**。如果它们进入你的家里，会吃掉它们一路经过的地板、房梁，直到整个房屋坍塌。

蠹虫很喜欢书，但它们可不读书，而是忙着吃将书粘起来的胶水和书页。蠹虫并不贪吃，它们只需要一点儿食物就能存活，甚至什么都不吃还可以活一年。

衣蛾能吃用动物毛发制成的织物，羊毛袜、皮大衣和地毯都是它们的食物。在野外，这些蛾以动物尸体的皮毛为食。

菜 单
1. 臭烘烘的袜子
2. 胖嘟嘟的宝宝
3. 美味的粪便
4. 酥脆的纸板
5. 自己的母亲
6. 大部头书籍
7. 什么也没有，连一点儿碎渣都没有！
我爱妈妈

臭烘烘的粪球对屎壳郎（蜣螂）而言是最美味的食物，屎壳郎的幼虫从粪球里面开始吃，而成年的**屎壳郎**更喜欢挤压新鲜的粪便，然后吸食渗出的汁液。

澳大利亚社居蛛一出生就会吃掉自己的妈妈。母蜘蛛特意把自己养胖，让刚孵化出的幼虫吸食它的血液，当它虚弱到不能动弹时，幼虫就用毒牙咬它，最后完全蚕食掉它的身体。

金小蜂（下方）用尾针蜇刺蟑螂的大脑，使之不能行动，然后将卵产到蟑螂身上，幼虫孵化后就会钻进蟑螂的体内，最后将蟑螂吃掉。

蟑螂几乎能吃任何的垃圾，从纸板、肥皂到变质的狗食，甚至剪下的手指甲，天哪！

辛勤劳作，绝不偷懒

切叶蚁生活在庞大的群体中，每一位成员都有特定的工作。它们夜以继日地辛勤工作着。它们在做什么呢？

我是一只**切叶蚁**，我每天都要取下树叶并运回巢穴里。如果叶子过大的话，我会把它裁成适当的尺寸。

我们负责道路的清障工作，确保通往巢穴的道路畅通，所以可以称呼我们为“**清道夫**”。

怎么知道去哪里找最好的叶片呢？我们会沿途留下气味，让同伴清楚路途。

我是**蚁后**，这里所有的工蚁都是我的女儿。

你知道这些叶子会发生什么吗？数以百万计的蚂蚁用它们来建造地下真菌花园。幼虫把真菌舔成浆状。真菌“吃”果肉，我们吃真菌。

这里的雄蚁不多，我们的任务就是和另一些巢穴里的蚁后繁衍后代。

巢穴中只有1/3

我是个**清洁工**，负责检查叶子上是否有寄生虫或不请自来的真菌，这些真菌可能会与地下生长的真菌"竞争"。

我是一只**寄生蝇**，一有机会我就会将卵产到蚂蚁头部，孵出的幼虫就能用蚂蚁头美餐一顿了！

我是一只兵蚁，不要将手指插进我们的巢穴，否则我会用强壮的大颚来攻击你。

位于地下的**真菌园**非常巨大，展开后的总面积比一个足球场还大很多倍，这是为了培养足够的真菌。蚂蚁们必须一点一点收集大量的树叶。真菌园是由一个个培育室堆起来的，有时可达6米深。

的蚂蚁出来收集叶子，其他蚂蚁在黑暗中辛勤劳作。

浩浩荡荡的蚂蚁大军

最新警报：它们来了！

森林地面发出一阵“沙沙”声，很多小昆虫开始慌乱地逃跑。“沙沙”的响声越来越大，同时一阵“嘶嘶”声也开始响起，这时，成千上万的蚂蚁出现了。这些蚂蚁是冷酷的杀手，它们会咬死所有挡在它们前进道路上的生物，分成小块后带回巢穴。它们很快就干掉了蜈蚣、蝎子和狼蛛，甚至是蜥蜴和青蛙。

行军蚁队伍由不会产卵的雌蚁组成，它们都是工蚁，数量约有2000万。队伍中也有少量雄蚁。

对行军蚁来说，蝎子这样的大型捕食者不是什么障碍。一只蚂蚁发现蝎子后就会释放化学物质，吸引同伴，蝎子很快就会被大量蚂蚁包围并吃掉。

我是一只有翅膀的雄性矛蚁，你可以看到我香肠形状的腹部。

有翅雄蚁
蚂蚁身份编号240300
绰号：香肠蝇

行军蚁。

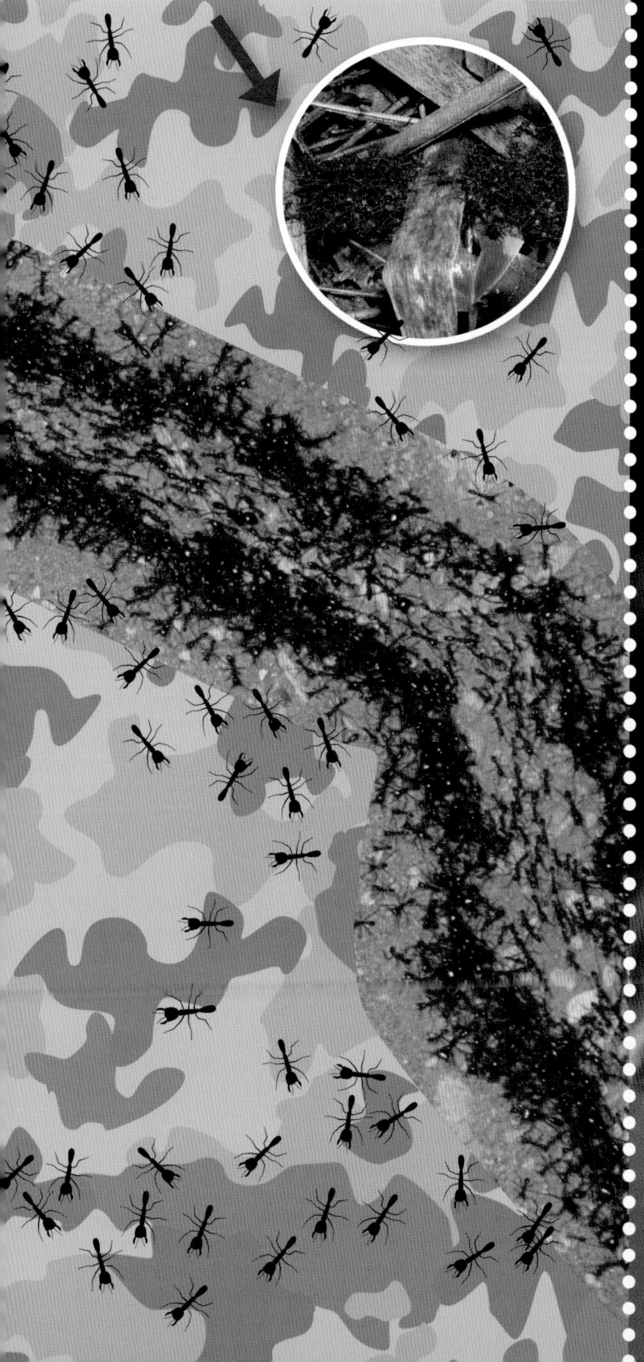

行军蚁是群居昆虫，群体工作效率极高，如抚育幼蚁、抵御捕食者。它们会频繁地搬家，避免食物很快耗尽。它们甚至能搭建活的“桥梁”来越过森林地表障碍。

谁是凶手？

蚂蚁大军里有两种类型的蚂蚁：亚洲和美洲北部、南部及中部的行军蚁，非洲的矛蚁。行军蚁有强健的螫（shì）刺，而矛蚁锋利的下颚可以撕碎猎物。行军蚁不能杀死大型脊椎动物，但矛蚁可以。它们能制服一只鸡或一头受伤的猪。大多数生物可以逃离行军蚁的经过路线，但节肢动物却不能迅速离开。在非洲，据说矛蚁会袭击村庄。这其实对人类是有帮助的，因为居民只需赶紧离开，而接踵而至的矛蚁会清除掉村里的蟑螂和老鼠。

行军蚁会聚集在一起互相咬住、抓住，用身体来构建一个团状巢——这是它们临时的家。

谁在蜂巢里？

嗡嗡嗡嗡嗡嗡嗡嗡嗡嗡嗡嗡
许多蜂都是单独行动的，但蜜蜂是群居动物。
蜜蜂生活在能容纳8万只同类的蜂巢里。
每一只
嗡嗡嗡嗡嗡嗡嗡嗡嗡嗡嗡嗡嗡嗡嗡嗡
嗡嗡嗡嗡嗡嗡嗡嗡嗡嗡嗡嗡嗡嗡嗡

蜂王可达到15~20毫米长

蜂王

一个蜂巢里只有一只蜂王，她的工作就是产卵。实际上，在适合繁殖的季节她每天至少会产下2000枚卵。大多数受精卵会发育成工蜂，没受精的卵发育成雄蜂。如果蜂王死亡或不再产卵，会发生什么呢？工蜂们会将蜂王浆喂给一只幼虫，这种食物营养丰富，可以使幼虫发育成新的蜂王。

一个蜂巢 = 1只蜂王 +

有一份特定的工作。

工蜂

蜂巢中大多数成员都是工蜂。从出生到死亡，它们都在不停地工作、工作、工作。在刚刚成年的12天里，它们打扫储存蜂蜜的蜂室，照料幼蜂，并围绕在蜂王身旁。第12—20天，它们建造、修葺蜂室，收集、储存其他工蜂带回蜂巢的花蜜和花粉，以及像门卫一样核查归来工蜂的身份。20天以后，工蜂开始外出觅食，它们离开蜂巢，再带回花蜜和花粉。

雄蜂

夏季里，一个蜂巢包含有300～3000只雄蜂，但到了秋天，无用的雄蜂就会被赶出蜂巢。这是因为，在繁殖季节的夏天，雄蜂忙于和其他蜂巢中的蜂王交配，工蜂无微不至地照顾它们。不过一旦交配完，雄蜂就会死亡。与工蜂不同，雄蜂没有刺。

工蜂长15毫米

雄蜂长18毫米

80000只工蜂 + 600只雄蜂

这只小昆虫是怎样生产出美味的蜂蜜及其他产品的呢？

有很多种风味不同的蜂蜜，其味道跟蜜蜂采蜜的花朵种类有关。

蜂蜡制成的蜡笔绘出的颜色要比其他蜡笔更持久，你还能亲手调配色彩，比如用蓝和黄可以调出绿色。

蜂蜡是制作蜡烛的好材料，闻起来有蜂蜜的香味，而且不容易滴落。

蜂巢蜂蜜

对人类来说，蜜蜂是一种益处多多的昆虫。除了蜂蜜，蜂蜡也有很多用途，从蜡笔、护肤乳霜到上光蜡和肥皂……当然，蜜蜂可不是为了人类制造蜂蜜和蜂蜡的。工蜂采集花朵中的花蜜并运回蜂巢、填入小室，在那里，花蜜的质地慢慢变得浓稠，最终形成蜂蜜。蜂蜡是年轻的蜜蜂在建造和维修蜂巢时自身分泌的。每只蜜蜂只能产生一点点蜂蜡，50万只蜜蜂才能制造出0.5千克的蜂蜡，蜜蜂利用这些蜂蜡来修筑用于产卵的蜂室。而人类则开发出了蜂蜡的上百种用途。

混合蜂蜜

令人惊讶的是，一只蜜蜂一生中仅可产出1茶匙的蜂蜜。

摩天大楼

这种小小的昆虫是怎样建起这样备有“空调”、墙壁坚固如混凝土的复合式塔楼的呢？

建造一个蚁冢的工程需要大量白蚁齐心协力地工作，并至少需要50年才能完成。从相对大小的角度说，白蚁建造了世界上最庞大的建筑。蚁冢用于为白蚁抵御炎热、干燥的天气，并保护它们免受天敌袭击。不同种类的白蚁建造的蚁冢形状和大小各不相同。

北
东
西
南

人们在澳大利亚北部发现了圆锥状白蚁冢，这些建筑总是朝向特定方向。

这种伞形蚁冢由非洲白蚁建造，能抵挡倾盆暴雨。

被称为“小黄瓜”的伦敦地标建筑，是利用自然空气流通原理来建造的，其结构就像一个白蚁冢。

白蚁蚁后身长可达15厘米。

工程学的壮举

在白蚁冢外面的温度高达40℃时，蚁冢里面依然能保持舒适的温度。这样的环境适于储存食物、作为花园，以及养育小白蚁。蚁冢内的小室都建造在特定位置，同时用拱形的天花板来加固整个建筑，甚至还有专为蚁王和蚁后准备的王台。蚁巢里的气体流通系统非常完善，可以确保空气在巢穴内循环流动。白蚁冢甚至还打有坚固的地基，就像砖砌的房子一样不易坍塌。这一切都是在没有建筑师和工程师参与、没有研究计划、没有建筑图纸的情况下实现的。

白蚁的身长还不到1厘米，却能建造超过6米高的蚁冢。

这个位于澳大利亚的教堂式的蚁冢可能已经存在100多年了。

我的身高属于中等水平，知道这座“城堡”有多大了吧！

像我这样的兵蚁会向入侵者喷射有驱逐作用的液体，接触到可是很疼的，所以你要小心哦！

蚁后
热气流上升，通过烟囱涌出。
要用铁镐才能凿破这些墙壁。
甚至有储存食物的空间。
地平线
真菌园中的食用菌生长良好。
孵育卵的房间
蚁王和蚁后的王台

识破伪装

这只猫头鹰蝶看上去像是猫头鹰瞪大的圆眼睛

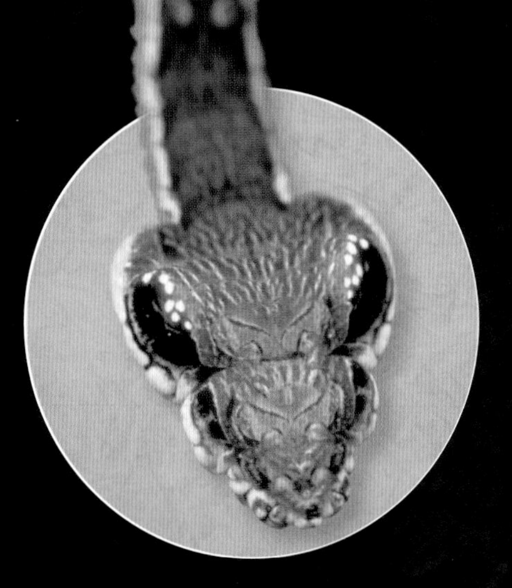

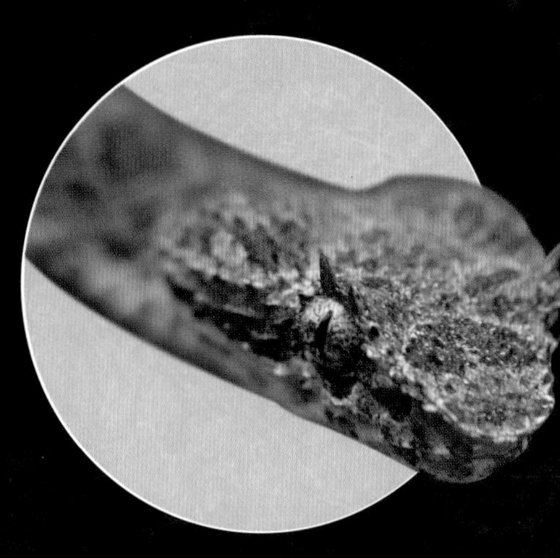

哥斯达黎加天蛾的幼虫能使自己的身体膨胀来伪装成毒蛇的头部，醒目的眼纹使伪装更加逼真。

副王蛱蝶（上面）和黑脉金斑蝶（下面）相互模仿。对鸟类来说，这两种蝴蝶的味道都不佳，它们相似的外形强有力地传递出这样的信息——我们可不能吃！

长着浓密绒毛的触角、外展的翅膀表明，上面那只“蜜蜂”其实是一只无害的蛾。这一伪装用来吓跑那些不吃蜜蜂的鸟类。

保护自己免遭攻击的一个巧妙的方法，就是伪装成令捕食者厌恶的东西。下图中，上面一排的生物都能伪装成下面一排的危险动物，虽然这种伪装不会很完美，但足以在短时间内迷惑捕食者，趁机逃之夭夭。

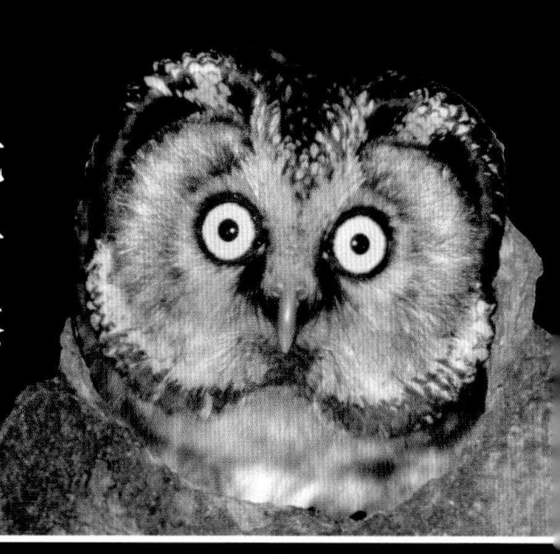

仔细看看乌柏大蚕蛾的翼尖，有人认为它像竖立起来，随时准备喷射毒液的眼镜蛇的头部。

数一下上面那只“蚂蚁”的腿，它其实是一种跳蛛伪装的，使它能在蚁群旁出没。由于蚂蚁的攻击性很强，天敌通常不会靠近蚁群，跳蛛因而也得到了保护。

这只食蚜蝇身上像胡蜂一样的条纹迷惑了鸟类，有时甚至连人类也会因此害怕这种无害的昆虫。

蜘蛛的须肢很小，像手臂一样，用来在交配时传递精子，以及处理食物。

蜘蛛恐惧症

你害怕蜘蛛吗？ 蛛形纲是节肢动物门的第二大分支，仅次于昆虫纲。其中不仅包括蜘蛛，蝎子、蜱、螨类也属于常见的蛛形纲，它们都有8条腿，不过你可能不知道，它们的嘴侧还有另外4条附肢，称为螯肢和须肢，具有毒牙、触角或是利爪的作用。蛛形纲不同于其他昆虫，它们没有复眼和触角，躯体也只有两个主要部分。很多蛛形纲动物都是肉食者，大部分成员都是残忍、高效的“杀戮机器”。

帝王蝎
蝎子长着一对巨大的螯，用来像爪子一样抓住猎物。

长脚盲蛛

人们经常把长脚盲蛛和真正的蜘蛛搞混。长脚盲蛛和蜘蛛不同，它没有丝腺和毒液腺，却拥有弹跳能力超群的长腿。一旦被敌人抓住，长脚盲蛛会剧烈抽搐身体，可能是为了转移对方的注意力。

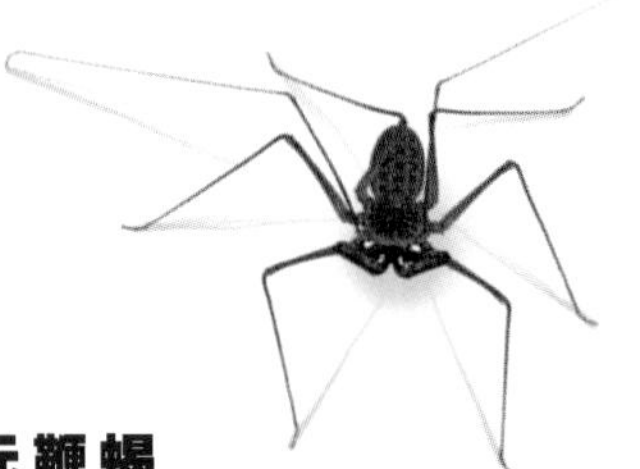

无鞭蝎

这种罕见的蛛形纲动物用6条腿横着走路，另外2条长得出奇的前肢则用来探测猎物，一旦发现猎物，它就用可折叠的螯钳住猎物，将其撕碎。

蝎子

巨大的前螯和长有钉刺的尾巴让蝎子很容易辨认。蝎子是蛛形纲中最古老的物种，它们只生活在炎热的地区，夜间出来猎食。一般来说，一只蝎子看起来越可怕，其实它就越安全。真正危险的种类是一种前螯细弱的小型蝎子，它粗大的尾部蓄满了致命的毒液。

家蜘蛛

我们有时会在家里发现它们。家蜘蛛属于漏斗网蜘蛛目，它能建造一个漏斗状的丝质巢。这类蜘蛛的其他成员都有剧毒（见第 71 页），但是被家蜘蛛咬上一口不会有任何危险，也不会很疼。

实际尺寸

螨类

蝴类随处可见，一张床上就可以容纳200万只以人类皮屑为食的螨类。多数螨类比句点还小，小得我们几乎都看不到。

蜱

吸血之后

吸血之前

蜱是吸血的寄生虫。它们潜伏在森林和草地里，等待经过的动物。它们用尖利的鱼叉形口器刺入寄主的皮肤，然后吸血。待它们吃饱后，身体会膨胀得像个皮球。

十字圆蛛

十字圆蛛属于球蜘蛛类，它们用蛛丝织成圆形的捕食网，把误撞到网上的猎物用有毒的螯齿咬死，然后吸干猎物的体液。

蛈蟷（dié dāng）

蛈蟷又叫活板门蜘蛛，它们不用蛛网捕获猎物，而是藏在洞穴中，再盖上伪装很好的、活板门似的盖子，当它们感觉猎物在上面走过时，就跳到外面捕食。

猎人蛛

猎人蛛是身手敏捷的猎手，四处游荡着追捕猎物。它可以在墙上疾跑，越过天花板并且像螃蟹那样横着疾走。如果你用手抓住一只猎人蛛，它会出于自卫咬你一口。

红膝狼蛛

狼蛛（捕鸟蛛）

狼蛛的腿完全伸展开来时足有30多厘米长，螯齿超过2.5厘米长，它真是蜘蛛世界中的巨人。狼蛛可以杀死鸟、蝙蝠和老鼠。人工饲养的狼蛛可以活30年。

跳蛛

滚圆、突起的眼睛使跳蛛的视力在蜘蛛王国中是最优秀的。它们不结网，而是主动捕食：悄悄接近猎物，乘其不备突然袭击。

从这张放大的图片可以看出蛛丝为什么如此富有弹性。

同一根蛛丝，被拉伸至原长度的5倍。

同一根蛛丝，被拉伸至原长度的20倍。

蜘蛛网

是一张具有螺旋轮结构的**圆形网**，也是**工程学**的一项杰作！蜘蛛通常都在晚上织网，织一张网大约需要**一个小时**。风雨会破坏蛛网，所以蜘蛛可能每天都要不止一次地修复它的网。

这只蜘蛛已经织好了一张新网的骨架，并将它固定好。现在蜘蛛开始围绕着蛛网的中心点织网。

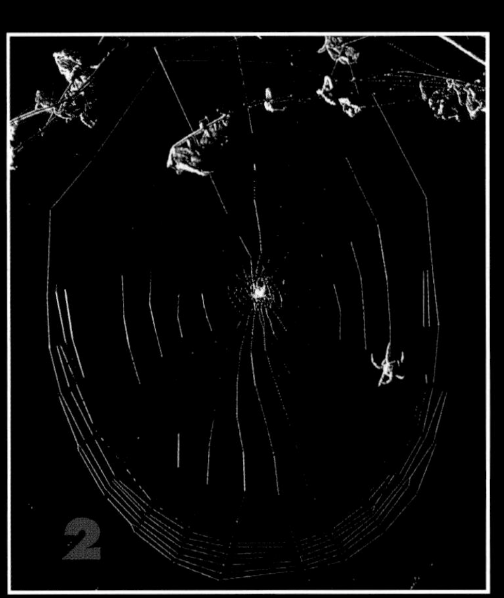

蜘蛛一边产丝，一边将蛛丝的接头处粘在一起，加固蜘蛛网。一张具有螺旋轨道的蛛网开始渐渐成形。

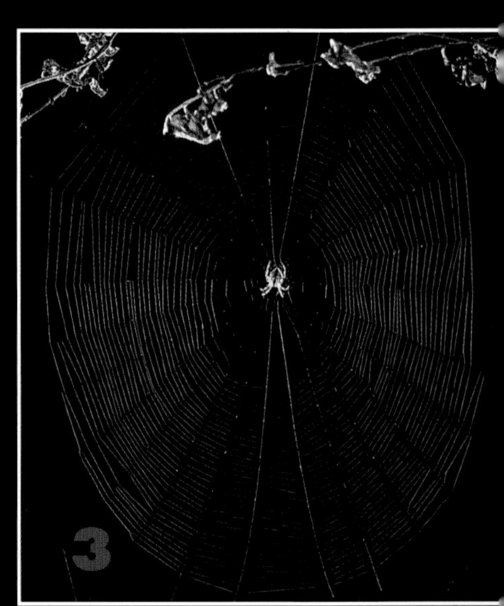

蛛网完成后，蜘蛛就静静地在网中心等待。当昆虫误撞上蜘蛛网时，带来的震动会让蜘蛛快速地做出反应。

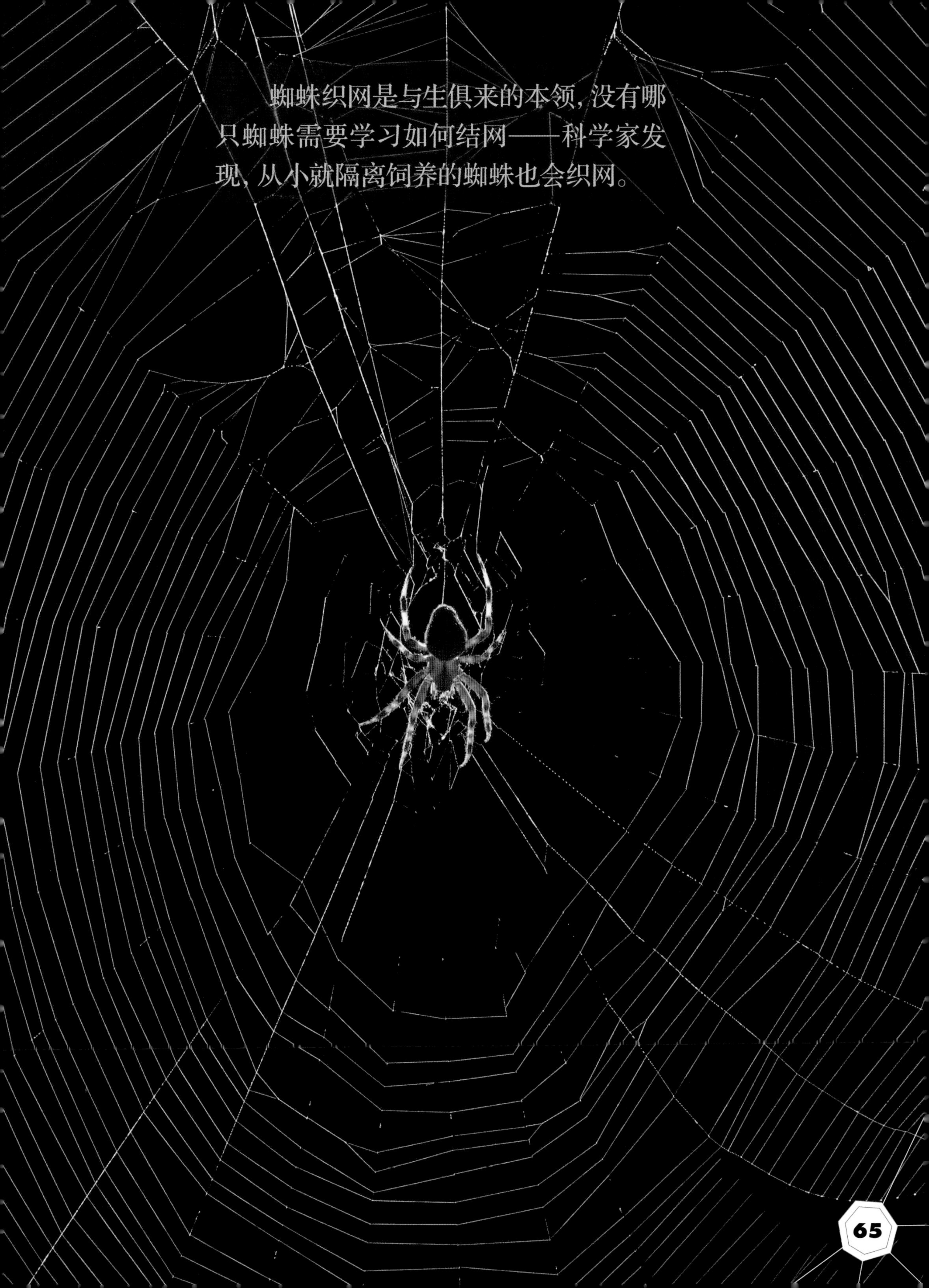

蜘蛛织网是与生俱来的本领，没有哪只蜘蛛需要学习如何结网——科学家发现，从小就隔离饲养的蜘蛛也会织网。

不同种类的蜘蛛编织不同类型的蛛网。

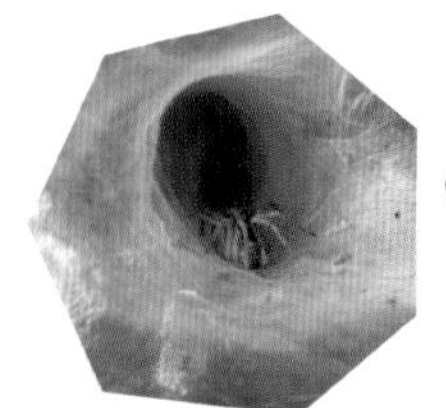

漏斗状

漏斗网

这种网经常位于隐蔽的角落，比如栅栏的裂缝中，或是树洞里。蜘蛛潜伏在漏斗网内，等待昆虫靠近，它就突然扑出并抓住猎物。

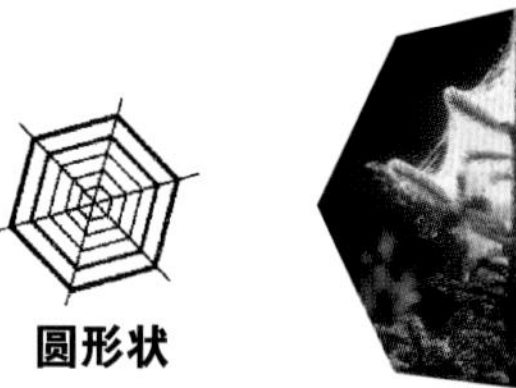

圆形状

圆形网

这种螺旋样的平面网可能是所有蜘蛛网中最常见的一类。蜘蛛首先织好网的骨架，然后围绕网的中心点不断地旋转织网，直至织成为止。

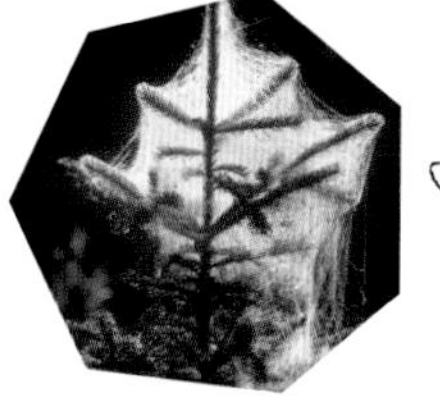

缠结状

缠结网（不规则网）

这些网看起来非常奇异，有时能覆盖整个灌木丛顶端。这种网由蜘蛛丝杂乱无序地缠结在一起形成，上面挂满了不幸落网的小昆虫尸体。

薄片状

片状网

这种网非常与众不同，是一张与地面平行的、缠结的丝网。网的上方和下方都结有交错的丝线，将飞行的昆虫撞落到片状网上。

正如蛛网分为许多种一样，**蛛丝**也分为多种类型。

一类蛛丝用于构建蛛网的骨架……

一类蛛丝用于**包裹受困的**昆虫。

一类蛛丝具有**黏性**，用于构建蛛网内部的黏性部分。

还有一类蛛丝用于织造**卵袋**。

网的主人

蜘蛛网可不是用来看的——在相同重量的条件下，蛛丝要比钢筋的强度大5倍。蛛丝不仅很牢固，而且还有很好的弹性。这些特点使蛛网能完美地用于捕获昆虫，而不易破裂。

蜘蛛开始结网时，为了牢牢固定蛛网，会产生主干丝。

人们用蛛丝制造鱼线、渔网等物品。世界上最大、最结实的蜘蛛网是由马达加斯加的达尔文树皮蛛织成的。这种蜘蛛的网宽可达25米，有三头非洲丛林象那么长。它的蛛丝比人工材料凯芙拉纤维还要结实10倍。

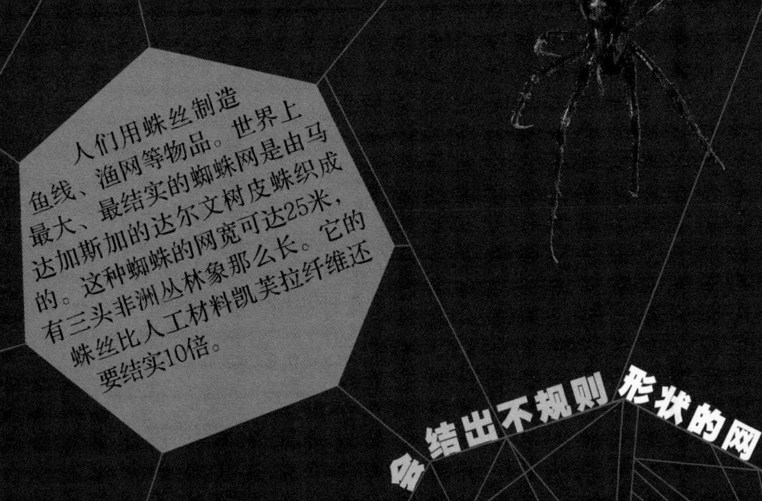

蜘蛛在**修复**残破的网时，会吃掉旧网上的蛛丝，重新开始织网。

以蜘蛛为食的蜘蛛会结出不规则形状的网

间距不均匀的蛛网

蜘蛛丝的强度超过钢筋

科学家估测出，如果将蛛网中的主干丝扩大到铅笔那样粗细，其强度足以固定住一架正在飞行的喷气式飞机。

不是所有蜘蛛都会织网

地蛛和蟹蛛都不会织网，它们潜伏在树叶和花朵间等待猎物，突然袭击。狼蛛也用这种方式捕猎，不过它只在夜间出没。

狼蛛

蜈蚣

我至少有15对腿，虽然我又叫“百足虫”，但实际上大多数蜈蚣远远没有100只脚。我们大多喜欢夜间活动，那是猎食的黄金时间！

如果**蜈蚣**落入水中，
它们会漂浮在水面上，游向安全的地方。
蜈蚣是**肉食性**动物，以小型无脊椎动物为食。
当蜈蚣受到攻击时，会飞快**逃走**。
蜈蚣身体的每一节都生有**一对**附肢。
蜈蚣的行走速度**很快**。
蜈蚣的躯干通常是**扁平的**。

从相对大小而言，蜈蚣比猎豹跑得还要快。

许多蜈蚣的头部下方都有一对有毒的螯肢，用于捕杀猎物。

还是马陆？

觉得有危险，这只马陆团成了一个坚实的球。

马陆是**吃素的，**它们以腐烂植物为食。

马陆会**缩成球状**来躲避攻击。

马陆身体的每一节都生有**两对**附肢。

马陆行走得很**缓慢**。

马陆的躯干一般都是**圆滚滚**的。

有些马陆感受到威胁时会放出臭气。

虽然有人叫我“千足虫”，但是我们中的大多数只有约60只脚——虽然也有一些种类能达到750只脚，但还是远没有人们想象的那么多。马陆的种类比蜈蚣多。我们通常生活在潮湿的腐叶堆中。

危险！

自杀性任务

蜜蜂比其他任何有毒动物杀死的人都多。非洲蜜蜂是最致命的。如果你过分靠近它们的蜂巢，守卫蜂就会释放警报气味，使大批蜜蜂聚集起来攻击入侵者。它们会对入侵者紧追不舍，施以不计其数的螫（shì）刺。蜜蜂只有在攻击人类这样皮肤厚实的目标时才会死亡，在防御性的常规“战斗”中，它们可以一次又一次地攻击敌人。

甲虫“炸弹”

放屁甲虫腹部的两个腔室中储存着两种爆炸性的化学物质。如果你侵扰了这种甲虫，它会将两种化学物质混合起来，发生导致爆炸的化学反应，最终造成液体喷发。滚烫、腐蚀性的化学物质通过甲虫能控制的旋转喷管喷射出来。如果这些喷雾溅到小型动物的脸上，可能会导致其失明，甚至死亡。

这些节肢动物使用**化学武器**是为了自卫。

化学战

刚毛

除了利用毒螯来防御，捕鸟蛛还能在入侵者身上留下一些毒性纤毛。这种独特的刚毛能钻入皮肤，释放化学毒剂而引发皮疹。如果纤毛进入你的眼睛里，会引起剧烈疼痛。

恶臭“炸弹”

臭虫的胸腔内有特殊腺体，能分泌一种恶臭的液体。如果你把一只臭虫捉在手里，凑近点就能闻到一股苦杏仁般的气味，那是氰化物的标志。有些人闻不出氰化物的气味，但这些小虫的主要天敌——鸟类能闻到。它们身上鲜艳的装饰也是一种警告：离我远一点儿！

死亡之吻

悉尼漏斗网蛛是少数咬一口就能致人死亡的蜘蛛中的一种，不过这种死因极其罕见。这种蜘蛛的攻击性很强，而且会连续咬上多次，它的毒牙能刺穿人类的指甲，甚至鞋。它的毒液中混合有多种神经毒剂，可以引起剧烈疼痛、抽搐、呕吐、昏迷甚至死亡。

棘刺警报

千万不要触摸有刺或者多毛的毛虫。这些棘刺和纤毛是毛虫的毒针，能刺穿入侵者的皮肤，注入会引起疼痛的毒液。毛虫还会从植物那里偷来化学武器，它们以有毒植物为食，然后将有毒物质储存在体内，用于防御。

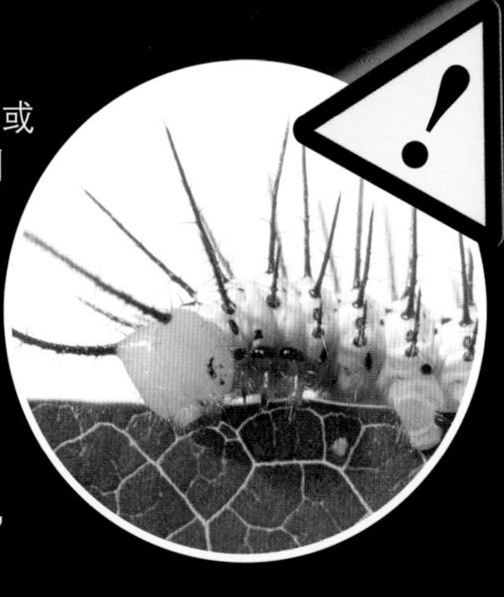

尾上的螯针

生活在北非的肥尾蝎是蝎子世界里的头号杀手。它的毒液中含有可迅速扩散至全身的神经毒剂。一旦被这种蝎子蜇了，会感到疼痛、呼吸急促、虚弱、流汗、口吐白沫、视物模糊、睁不开眼睛、呕吐、腹泻、胸痛、失去知觉，直到死亡。

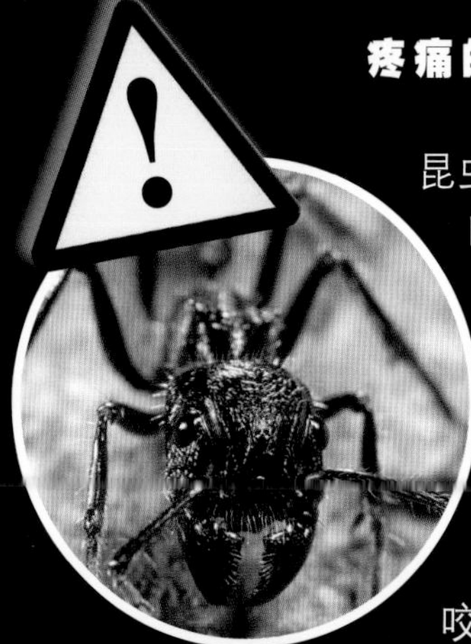

疼痛的证明

中美洲的子弹蚁是所有昆虫中叮咬最疼的。灼烧般的疼痛能持续24小时，据说感觉就像中弹一般。雨林中的部落用这些蚂蚁庆祝成年礼，男孩们必须戴上装有这些蚂蚁的编织套筒，忍受着剧烈的蜇咬来证明他们的勇气。

 **致命性！**  **腐蚀性！** **! 刺激性！**

朋友

警告：胡蜂在年底会变得特别有攻击性！

虽然胡蜂会蜇人，但它们是高效的捕食性昆虫，能清除大量的害虫，比如毛虫。所以胡蜂是人类的好朋友。

蜜蜂为我们提供蜂蜜和蜂蜡，而且它们还能传播花粉，使作物结出果实和种子。所以它们是人类亲密的朋友……除了非洲杀人蜂，它们可一点儿也不友好。

瓢虫也是我们的朋友，它们能捕食为害菜园的蚜虫。有些人专门买来瓢虫放进蔬菜大棚以控制虫害。

别害怕！我只是想抓住那些讨厌的苍蝇！

蜘蛛能消灭数以十亿计的害虫，以及携带病原菌的昆虫，尤其是苍蝇，但却从不破坏我们的作物或建筑。

我是害虫，因为我能传播疾病。但我也有益处，那就是能协助有机物的生物循环！

熊蜂是伟大的授粉者，总是不知疲倦地从一朵花飞到另一朵花采蜜，因此授粉效果很好。它们尤其擅长给大棚植物（比如番茄）传播花粉。

敌人？

有些人认为昆虫和蜘蛛都是入侵我们房屋和花园的害虫。实际上，它们中有许多种类对人类是有益的。那么谁是我们的朋友，谁是我们的敌人呢？

木匠蚁在木材上挖洞筑巢，它可不管这木材是一棵树还是你家房屋的大梁。而且它们在晚上还会悄悄溜进你的厨房，偷吃甜腻的食品。

粉蝶很漂亮，但它们的毛虫一点儿也不招人喜欢，它们的食谱几乎包括了我们吃的所有蔬菜：花菜、卷心菜、西兰花、萝卜、羽衣甘蓝、芥菜……

我爱吃蔬菜！

白蚁可不仅仅是借住在房屋的木料中，还会一点儿一点儿地蛀食这些木头。白蚁的踪迹非常隐蔽，甚至能在人们发现之前吃空整栋房子。

蚜虫吸吮各种植物的汁液，而且它们无性繁殖的速度惊人。它们含糖的排泄物还能引来霉菌。

面象甲住在厨房的碗柜里，它们能吃所有的干燥食品：从面粉、意大利面到奶油饼干和奶粉。它们是家庭中非常常见的害虫之一。

马铃薯甲虫从前生活在美国的落基山脉地区，但现在已经遍布全球，是为害马铃薯种植业的大害虫。它们的幼虫大吃大嚼马铃薯叶片，能造成整棵植株死亡。

嗯……发霉的陈面粉，我的最爱！

世界上最致命的动物是什么？

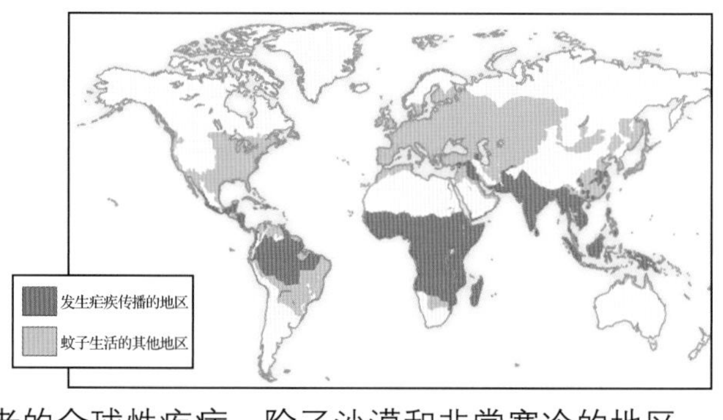

疟疾是一种非常古老的全球性疾病。除了沙漠和非常寒冷的地区，几乎到处都有可以传播疟原虫的蚊子。在20世纪，很多国家成功地消灭了疟原虫（不过没有灭绝蚊子），但在热带国家，疟疾还是很普遍，本页下方列出的其他一些蚊媒传染病也是如此。

人类历史上近一半的死亡是由小小的雌蚊引起的，它用刺吸式口器刺入皮肤吸血，同时也注入了能引起致命疾病的微生物。疟疾是其中最出名的一种，这种疾病每年可导致50多万人丧命。除此之外，如果你到热带疫区旅行，将有可能感染以下疾病。

吸血前

雌蚊吸血获得营养，来孕育它们的卵；雄蚊不叮人，而且小得你很可能从来都没在意过。蚊子一般都是在晚上出来活动，所以到了晚上，人们很容易被蚊子叮咬。雌蚊吸血后，腹部会膨胀变红，它的唾液中含有麻痹性物质，能让人在被叮咬一段时间后才察觉到，而这时它们往往已经吃饱飞走了。

吸血后

蚊子可以传播的疾病

登革热： 能引起红点样皮疹，剧烈的关节痛及骨痛。

黄热病： 呕吐到吐出胆汁来，皮肤黄疸，然后就是昏迷，甚至死亡。

西尼罗河热： 病毒通过血液扩散到大脑，大量增殖，最后致死。

疟疾： 每两天或三天反复骤然发热，有可能致死。

象皮病： 通过蚊子传播的血丝虫钻入人腿部皮肤，能使腿部膨胀得像大象腿。

疟原虫在**红细胞内**繁殖（放大显示）。

1790年的夏天，美国费城10%的人口因黄热病而死亡。

每年有**5亿**人感染疟疾。

疟疾能在**一天内**导致死亡，也可以在体内潜伏**30年。**

1/5
严重的疟疾患者将会死亡。

地球上每年有约**70万人**会因为蚊子叮咬而死亡。

22000名
法国工人在修建巴拿马运河时因**疟疾**和**黄热病**而死亡。

非洲是疟疾高发地区。

1802年，在攻打海地时，超过**半数**的拿破仑军队士兵死于黄热病。

疟疾不仅是人类的疾病，蚊子也会因疟原虫而患病。

打破纪录

迁徙 为了寻找新的栖息地，一些动物要进行长途旅行，也就是迁徙。节肢动物可以随风迁徙上千千米。非洲沙漠蝗（*Schistocerca gregaria*）为了寻找食物，会群体随风飞越撒哈拉沙漠。1988年，一群蝗虫随着强大的热带风横渡大西洋，这股热带气流后来演变成飓风，这群蝗虫最后在南美国家苏里南、圭亚那的原始岛屿着陆。

最长　最快　最高　最吵　最小

最长的昆虫

中国巨竹节虫（Phryganistria chinensis）是一种来自中国成都的竹节虫物种，身长62.4厘米，比这本书打开后的宽度还长。

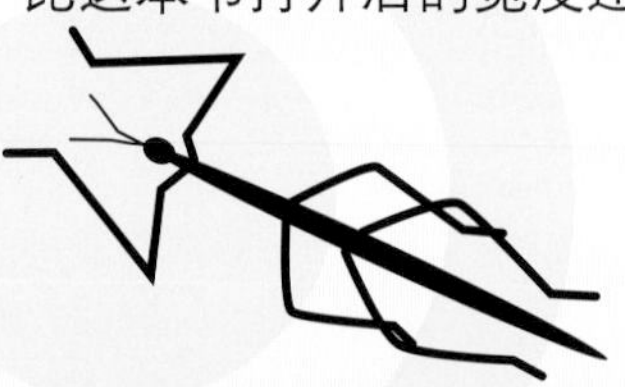

最高的巢穴

非洲白蚁的蚁冢高达13米，是动物界的最高建筑物。如果按照我们的身高比例修筑同样的建筑，需达4.5千米高。

跳得最高

沫蝉是昆虫世界的跳高运动员，可跳起70厘米高，而它本身只有0.63厘米长，这相当于一个人跳到45楼那么高。

菲利普·麦凯布全身覆盖着27千克重的蜜蜂，站立了大约2个小时，仅被蜇了7下。

跑得最快的昆虫

美洲大蠊是昆虫世界中短跑冠军的官方纪录保持者，最高时速是5.4千米。但是科学报道表明，中华虎甲的时速可达12.3千米，是前者的两倍还多。

最大的蝴蝶

巴布亚新几内亚的亚历山大女皇鸟翼凤蝶是最大的蝴蝶，拥有28厘米的翼展。最大的蛾是马来西亚的阿特拉斯蛾，翼展可达30厘米。

最高产 大多数群居昆虫比其他节肢动物有更多的后代，一只蜂王一年至少产卵200000枚，她能存活4年，可以繁殖800000只后代。不过纪录的最高保持者还要属白蚁蚁后，它们每分钟可产卵21枚，一天产卵30000枚，在它们的一生中，可以生育1亿只后代。

最懒　最年轻　最老　最小　最吵

最短的生命

蜉蝣是昆虫中寿命最短的，只有1天左右的时间来交配。蚜虫的传代时间最短，出生7天后就可以繁殖。

最小的蜘蛛

哥伦比亚的**巴图迪古阿蜘蛛**（*Patu digua*）*是世界上最小的蜘蛛，只有3.7毫米长。*不过其他蛛形纲的昆虫，如螨类，也很小。最小的昆虫是一种缨小蜂科的蜂类，身长仅0.14毫米。

最长的冬眠

丝兰蛾蜕变为成体前要经历19年的冬眠。很多昆虫都会为了抵御寒冷或干燥进入冬眠状态，也叫滞育。

最大的网

马达加斯加的**达尔文树皮蛛**可以编织出直径3米的圆形丝网，捕获蜉蝣和蜻蜓等昆虫。

最老　最年轻　最懒　最小

飞得最快的昆虫

蜻蜓是世界上飞行速度最快的昆虫，一些蜻蜓可以在短时间内达到时速58千米。马蝇和某些蝴蝶速度也很快，它们能保持39千米的时速。所以飞得最快的昆虫是澳大利亚蜻蜓。

最快的振翅速度

铁蠓（*Forcipomyia*）的振翅速度是每秒1046次，是目前所知最快的昆虫振翅速度。

最大的蜜蜂团

2005年6月，爱尔兰的菲利普·麦凯布冒着被蜇死的危险，让20万只蜜蜂停落在自己身上，试图打破最大蜜蜂团的世界纪录。目前的纪录是35万只蜜蜂，保持者是美国加利福尼亚的马克·比安卡涅洛。

鸣叫声最大的昆虫

非洲蝉的鸣叫声可达109分贝，接近于公路钻孔机发出的噪声，在数百米外都能听到。

最长的寿命 蛀木甲虫的幼虫在木头里生存35～50年才蜕变为成体。白蚁蚁后作为群体的首领，可以存活超过60年，是所有昆虫中寿命最长的。

最高　最快　最长

实际大小

这一页展示了虫子的真实尺寸

专业词汇表

变态发育（Metamorphosis）
当幼虫转变为成虫时发生很大的变化，毛虫变成蝴蝶时会经历变态发育。

捕食者（Predator）
杀死并吃掉其他动物的动物。

触角（Antennae）
节肢动物头部的感觉器官，有触觉、嗅觉、味觉的功能，还能感受到振动。

蝶蛹（Chrysalis）
蝴蝶的蛹，有一个起到保护作用的坚硬外壳。

毒牙（Fang）
能分泌消化液或毒液的牙齿。

毒液（Venom）
动物叮咬时释放的有毒液体。

蜂巢（Hive）
蜜蜂群体居住的处所。

复眼（Compound eye）
数百个微小单位构成的眼，每一个都可独立成像。

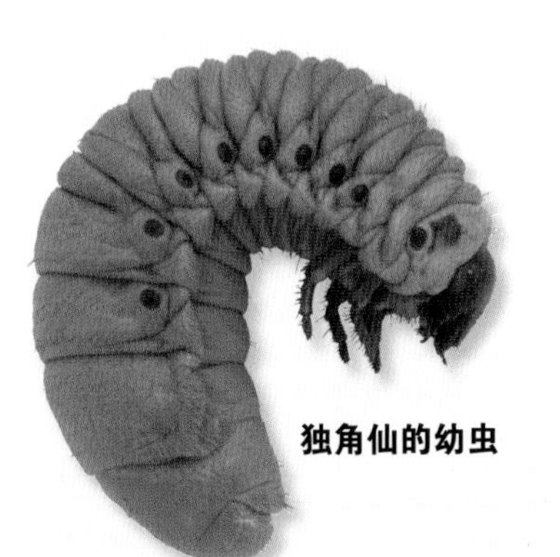

独角仙的幼虫

腹部（Abdomen）
动物的躯体部分，包含消化和生殖器官的部分。昆虫腹部位于躯干的后部。

花粉（Pollen）
花朵产生的粉状物质，含有雄性生殖细胞，将花粉传递到雌株部分，可以产生种子或果实。

花蜜（Nectar）
花朵产生的甜味液体，用于吸引传粉昆虫。

喙(Proboscis)
一种长而灵活的嘴或口器，蝴蝶用喙吸食花蜜。

寄生生物（Parasite）
寄生在较大动物体内或体外的小生物，从继续生存的大生物体上汲取营养。

甲壳类（Crustacean）
节肢动物家族的特殊成员。螃蟹、虾、龙虾和木虱都是甲壳类，大多数甲壳类生活在水里。

茧（Cocoon）
蛾的幼虫在变成蛹之前吐丝形成的囊形保护物。

节肢动物（Arthropod）
具有分节附肢和外骨骼的动物。

昆虫（Insect）
节肢动物门下一个分支，昆虫身体分三个部分，有六条腿。

昆虫学家（Entomologist）
从事昆虫研究的人。

猎物（Prey）
被捕食者杀死吃掉的动物。

毛虫（Caterpillar）
蝴蝶或蛾的无翼幼虫。

平衡棒（Haltere）
蚊蝇类躯干上的棒状结构，可以和翅膀一起振动，辅助平衡。

气门（Spiracle）
节肢动物外骨骼上的小孔，可以进出气体，使气体在体内循环。

迁徙（Migration）
动物为了找到新的栖息地而途跋涉。一些动物每年都有律地迁徙。

群体（Colony）
一大群动物生活在一起的大集体，像蜜蜂和蚂蚁等群居虫都生活在群体里。

若虫（Nymph）
和成体类似的非成熟状态，通过几次蜕皮可以发育为成虫。

鳃(Gill)
用于水下呼吸的器官。

新西兰巨沙螽（zhōng）

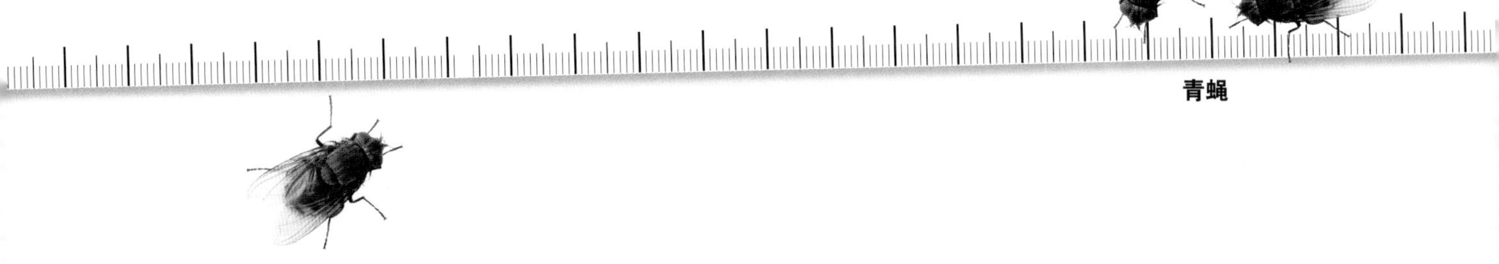

青蝇

授粉（Pollination）
雄蕊上的花粉传递到雌蕊的过程，授粉是植物繁殖的重要阶段。

树汁（Sap）
植物体内传递营养成分的液体。

丝（Silk）
柔韧而有弹性的纤维，可以织成蛛网，或是蛾的幼虫制造茧时产生的丝线。

蜕皮（Moult）
节肢动物脱下旧的外骨骼。为了生长，节肢动物要定期蜕皮。

外骨骼（Exoskeleton）
节肢动物的外部骨骼（角质层）。

伪装（Disguise）
可以帮助动物隐藏在背景中来躲避敌人的图案或颜色。

无脊椎动物（Invertebrate）
没有脊椎的动物，所有的节肢动物都是无脊椎动物，还有蠕虫、蜗牛、鼻涕虫及很多海洋动物。

行军蚁

物种（Species）
生物体的种类。种内成员可以一起繁殖后代。

消化系统（Digestive system）
由身体中分解、吸收食物的器官组成。

胸腔（Thorax）
昆虫身体的中央部分，在头部和腹部之间。

须肢（Pedipalps）
蛛形纲动物头部生有的一对小的附肢样小足，位于口的两侧。

蛹（Pupa）
昆虫生命周期中的休眠阶段。在此期间幼虫蜕变为成体。

幼虫（Larva）
昆虫的非成体形式，而且幼虫和成体看起来完全不同。比如，毛虫是蝴蝶的幼虫。

蛛形纲动物（Arachnid）
节肢动物门的一个分支，有八条腿，包括蜘蛛、蝎子、蜱和螨。

泰坦大天牛

致 谢

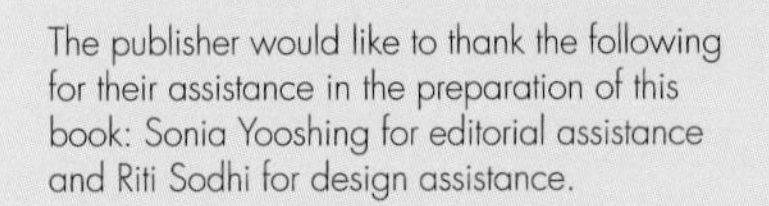

The publisher would like to thank the following for their assistance in the preparation of this book: Sonia Yooshing for editorial assistance and Riti Sodhi for design assistance.

Picture credits
The publisher would like to thank the following for their kind permission to reproduce their photographs:

(Key: a-above; b-below/bottom; c-centre; f-far; l-left; r-right; t-top)

5 Corbis: Anthony Bannister; Gallo Images (bl). **6 Dreamstime.com:** James Davidson (tr). **7 Dorling Kindersley:** Wallace Collection, London (l). **11 NHPA / Photoshot:** Stephen Dalton (tl). **14–15 Getty Images:** National Geographic/Joel Sartore (b). **15 Dorling Kindersley:** Gary Stabb – modelmaker (ca); Natural History Museum, London (cb). **16 Getty Images:** David Scharf (b). **18 FLPA:** Michael Durham (tl). **19 NHPA / Photoshot:** Stephen Dalton (cl, c, cr, cra, crb, bc, fcra, cr/Bee); Harold Palo Jr (clb). **20 Corbis:** (bc). **21 Science Photo Library:** Andrew Syred (cl); Steve Gschmeissner (cr). **23 Science Photo Library:** Dr Jeremy Burgess (t); Andrew Syred (bl). **24–25 Science Photo Library:** Eye of Science (c). **24 Science Photo Library:** Eye of Science (cla); Stuart Wilson (clb). **25 Alamy Images:** Phototake Inc (cb). **iStockphoto.com:** Vasco Miokovic Photography (www.thephoto.ca) (tc). **NHPA / Photoshot:** Anthony Bannister (crb); Stephen Dalton (br); George Bernard (crb/Bee). **26 FLPA:** Nigel Cattlin (crb). **27 Alamy Images:** Emilio Ereza (cra/packaged). Egmont Strigl (c). **Flickr.com:** Will Luo (cra/can). **FLPA:** Nigel Cattlin (fcla); B Borrell Casals (ca); David Hosking (cla). **NHPA / Photoshot:** Stephen Dalton (cl, fcra); Ivan Polunin (cr). **Science Photo Library:** Robert J Erwin (cl/grasshopper). **28–29: Corbis:** Ralph A Clevenger (ca). **Dorling Kindersley:** Thomas Marent (c, bc). **28 Corbis:** Michael & Patricia Fogden (cl, bc). **Dorling Kindersley:** Thomas Marent (cla, bl, cr). **FLPA:** Ingo Arndt/Minden Pictures (ca). **29 Dorling Kindersley:** Thomas Marent (c, br). **FLPA:** Michael & Patricia Fogden / Minden Pictures (cra). **NHPA / Photoshot:** Adrian Hepworth (bc). **30 Corbis:** Gary Braasch (c). **31 Corbis:** Gary Braasch. **32 Alamy Images:** Phil Degginger (cra). **Science Photo Library:** Keith Kent. **33 Alamy Images:** Brandon Cole Marine Photography (tl). **Flickr.com:** Jeremy Holden (cl). **PunchStock:** Photodisc Green (r). **34–35 Science Photo Library:** Dr Keith Wheeler. **37 Ardea:** Pascal Goetcheluck (clb). **FLPA:** D P Wilson (crb). **NHPA / Photoshot:** Hellio & Van Ingen (cr). **38–39 Flickr.com:** Janet Wasek (c, bc). **38 Corbis:** Karen Kasmauski (tc, bl). **Getty Images:** Darlyne A Murawski (cl, c). Janet Wasek (bc). **39 Flickr.com:** Keith Gormley (bc); Janet Wasek (c, cr); Chuck Hughes (br). **40 Science Photo Library:** Eye of Science (bl). **41 Science Photo Library:** Mandred Kage (br). **43 Corbis:** George D Lepp (tl, tc, ftl). **44 Flickr.com:** David Fuddland (tr). **Science Photo Library:** Eye of Science (b). **45 Alamy Images:** Neil Cooper (bl). **Corbis:** Christine Kokot (tr); Karen Su (tl); Macduff Everton (cr). **Flickr.com:** David Fuddland (c, bc, cl). **46 NHPA / Photoshot:** Stephen Dalton (c). **47 Alamy Images:** Holt Studios International Ltd (tc); Phillip Dalton (tr). **Science Photo Library:** Gianni Tortoli (br). **50 Alamy Stock Photo:** Image Professionals GmbH / Konrad Wothe (bc); Nature Picture Library / MYN / Joao P. Burini (cb). **Corbis:** (bl). **FLPA:** Mark Moffett / Minden Pictures 00000111524 (br). **Getty Images:** Tim Flach (cl, c, cr). **51 Corbis:** (br). **FLPA:** Mark Moffett / Minden (cr, bl). **Getty Images:** Tim Flach (cla, cra). **NHPA / Photoshot:** George Bernard (ca). **52 NHPA / Photoshot:** Adrian Hepworth (crb). **52–53 Science Photo Library:** Sinclair Stammers. **53 naturepl.com:** Martin Dohrn (tr, br); Prema Photos (cl). **58 Ardea:** Chris Harvey (bc). **NHPA / Photoshot:** Patrick Fagot (clb). **58–59: Ardea:** Masahiro Iijima (bc). **59 OSF:** Photolibrary/Alan Root (cra). **60–61 Alamy Images:** Joe Tree. **60 naturepl.com:** Ingo Arndt (clb). **NHPA / Photoshot:** Stephen Kraseman (cl). **61 Alamy Images:** (tr). **FLPA:** Mark Moffett / Minden Pictures (c, cb). **63 Getty Images:** (bl). **Science Photo Library:** Scott Camazine (ftr); Eye of Science (tl, tr). **64 OSF:** (clb, c, crb). **65 Photoshot:** NHPA. **66 FLPA:** David Hosking (tr); Konrad Wothe / Minden (ftl). **Getty Images:** Bill Curtsinger (cb). **naturepl.com:** Niall Benvie (ftr). **Science Photo Library:** M Lustbader (tl). **67 Ardea:** Jim Frazier-Densey Clyne / Auscape (bc). **Corbis:** Nick Garbutt (cr). **71 NHPA / Photoshot:** James Carmicheal Jr (br). **73 Science Photo Library:** Ted Clutter (cla); Andrew Syred (br); Science Source (clb). **74 Superstock:** Roger Eritja / Age Fotostock (b). **75 Science Photo Library:** Susumu Nishinaga. **76–77 Press Association Images:** Haydn West (bc).